高等职业教育高水平专业群创新系列教材·机电类

AutoCAD 2018 机械制图
项目化教程习题集

主编：王小芳　潘冬敏　冯爱平

北京理工大学出版社
BEIJING INSTITUTE OF TECHNOLOGY PRESS

内 容 简 介

本书是 AutoCAD 2018 的实训习题集,采用项目式结构编写,全书包含八大项目:绘图环境的设置、绘制平面图形、绘制剖视图和标准件图、图形标注、绘制零件图和装配图、图形输出和查询、绘制正等轴测图和绘制三维图。

本习题集与《AutoCAD 2018 机械制图项目化教程》(王小芳、王平、冯吉涛主编,北京理工大学出版社,2020 年 9 月)配套使用,可满足各类高等院校、职业院校、技工学校和 AutoCAD 培训机构的教学需求,也可作为 AutoCAD 爱好者及广大工程技术人员的参考用书。

版权专有　侵权必究

图书在版编目(CIP)数据

AutoCAD 2018 机械制图项目化教程习题集/王小芳,潘冬敏,冯爱平主编 . —北京:北京理工大学出版社,2020.9
ISBN 978 – 7 – 5682 – 8982 – 5

Ⅰ. ①A… Ⅱ. ①王… ②潘… ③冯… Ⅲ. ①机械制图 – AutoCAD 软件 – 高等学校 – 习题集 Ⅳ. ①TH126 – 44

中国版本图书馆 CIP 数据核字(2020)第 163507 号

出版发行 / 北京理工大学出版社有限责任公司

社　　址 / 北京市海淀区中关村南大街 5 号
邮　　编 / 100081
电　　话 /(010)68914775(总编室)
　　　　　(010)82562903(教材售后服务热线)
　　　　　(010)68948351(其他图书服务热线)
网　　址 / http://www.bitpress.com.cn
经　　销 / 全国各地新华书店
印　　刷 / 三河市天利华印刷装订有限公司
开　　本 / 787 毫米 × 1092 毫米　1/16
印　　张 / 6
字　　数 / 128 千字
版　　次 / 2020 年 9 月第 1 版　2020 年 9 月第 1 次印刷
定　　价 / 22.00 元

责任编辑 / 王玲玲
文案编辑 / 王玲玲
责任校对 / 刘亚男
责任印制 / 李志强

图书出现印装质量问题,请拨打售后服务热线,本社负责调换

前　　言

本书是与《AutoCAD 2018 机械制图项目化教程》（王小芳、王平、冯吉涛主编，北京理工大学出版社，2020 年 9 月）配套使用的习题集，可满足各类高等院校、职业院校、技工学校和 AutoCAD 培训机构的教学需求，也可作为 AutoCAD 爱好者及广大工程技术人员的参考用书。

本习题集分为 8 个项目，分别是绘图环境的设置、绘制平面图形、绘制剖视图和标准件图、图形标注、绘制零件图和装配图、图形输出和查询、绘制正等轴测图、绘制三维图。

本书由烟台汽车工程职业学院王小芳、潘冬敏、冯爱平任主编，刘凤景、王艳超、赵永军、李英政任副主编，其中，王小芳、冯爱平编写项目一、项目三、项目五，潘冬敏、王艳超编写项目二、项目四，刘凤景编写项目六，李英政编写项目七，赵永军编写项目八。全书由王小芳统稿。

由于编者水平有限，书中难免存在不妥之处，敬请读者批评指正。

目　录

项目一　绘图环境的设置 …………………………………………………………………………… 1

项目二　绘制平面图形 ……………………………………………………………………………… 6

项目三　绘制剖视图和标准件图 …………………………………………………………………… 27

项目四　图形标注 …………………………………………………………………………………… 46

项目五　绘制零件图和装配图 ……………………………………………………………………… 52

项目六　图形输出和查询 …………………………………………………………………………… 78

项目七　绘制正等轴测图 …………………………………………………………………………… 81

项目八　绘制三维图 ………………………………………………………………………………… 84

项目一 绘图环境的设置

按图所示设置用户界面。

操作提示：

打开"选项"对话框。

1. 选择"选择集"选项卡，设置拾取框的大小。

2. 在"用户系统配置"选项卡中，设置"自定义右键单击"功能。在"默认模式"中选择"重复上一个命令（R）"，在"编辑模式"中选择"快捷菜单（M）"，在"命令模式"中选择"快捷菜单：命令选项存在时可用（C）"。

3. 在"显示"选项卡中，设置绘图区背景颜色为白色或黑色，在"窗口元素"区取消"图形窗口中显示滚动条（S）"，以增大绘图区空间。

4. 单击状态栏"对象捕捉"按钮右侧的三角符号，在列表中选择"对象捕捉设置"，打开"草图设置"对话框，选中"端点""中点""圆心""象限点""交点""延伸""切点"和"垂足"8种常用的特征点并设为固定对象捕捉模式。

5. 在"草图设置"对话框中，选择"极轴追踪"选项卡，"增量角"设为90；选择"仅正交追踪"和"绝对"。

6. 选择"显示图形栅格""极轴追踪""对象捕捉""对象捕捉追踪""线宽"。

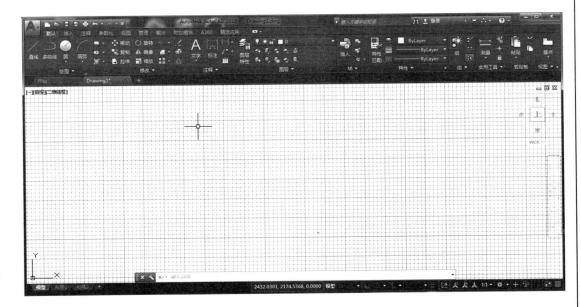

建立一个横 A4 模板文件，进行绘图环境的初步设置，文件名为"横 A4"。

1. 用"图形单位"对话框确定绘图单位。
要求：长度类型为小数，精度为 0.00；角度类型为十进制度数，精度为 0.0。
2. 用"图形界限"命令设置横 A4 图幅。
横 A4 图幅：X 方向长度为 297，Y 方向长度为 210。
3. 打开"栅格和捕捉"对话框，"捕捉类型"设为"极轴捕捉"，"极轴距离"设为 3。双击滚轮或用 ZOOM 命令使图幅全屏显示。
键盘操作提示：输入"Z"后按空格键，再输入"A"后按空格键，使整张图全屏显示，栅格区域表示图纸的大小和位置（空格键距离 Z 键和 A 键更近、更快捷，操作时用右手控制鼠标，左手控制键盘，以提高绘图速度）。按空格键启用上次命令，输入"0.9"后再按下空格键，以 0.9 比例关系显示，以便更清晰地观察到整张图纸幅面的大小。
4. 建立图层，设定颜色、线型、线宽。各层的名称、颜色、线型、线宽要求如下：

层名	颜色	线型	线宽/mm	功能
中心线	红色	Center2	0.25	画中心线
虚线	洋红色	Hidden2	0.25	画虚线
细实线	蓝色	Continuous	0.25	画细实线及尺寸线
粗实线	黑色	Continuous	0.50	画轮廓线及边框
剖面线	绿色	Continuous	0.25	剖面线

5. 保存模板文件到个人文件夹，以备以后调用。

利用点的绝对直角坐标和相对直角坐标绘制下列图形（不标注尺寸）。

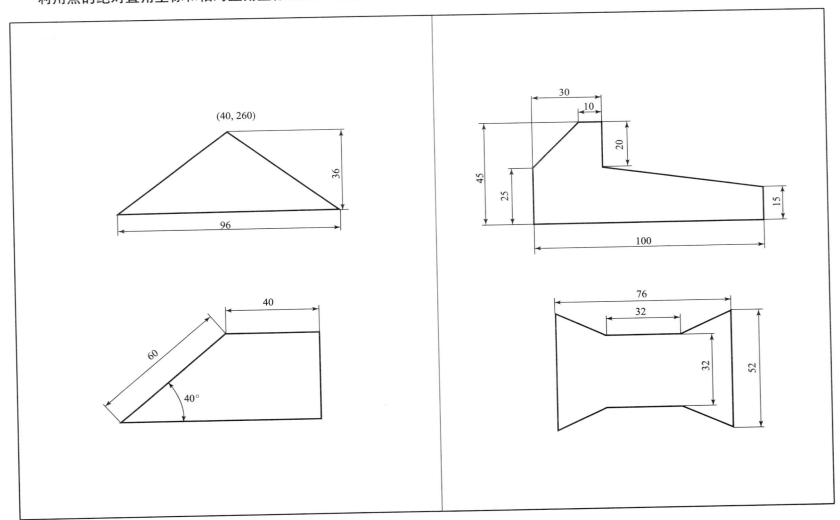

利用点的绝对直角坐标和相对直角坐标绘制下列图形（不标注尺寸）。

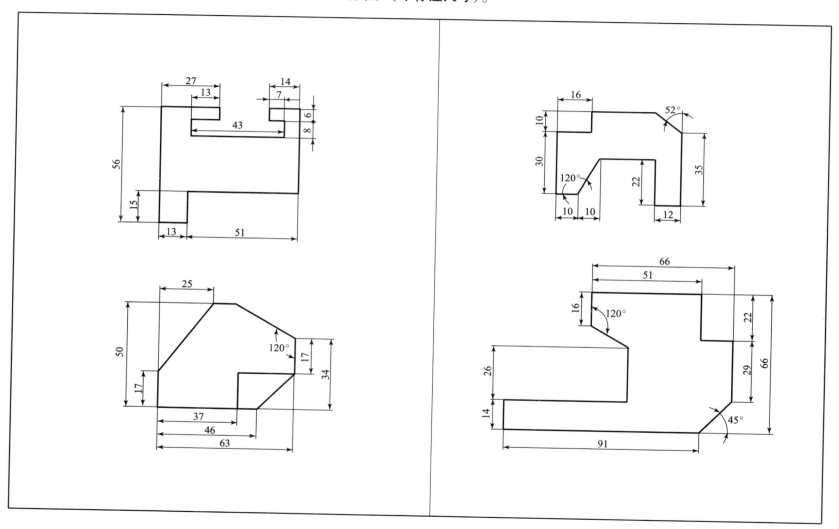

利用极轴追踪、对象捕捉及自动追踪功能绘制下列图形（不标注尺寸）。

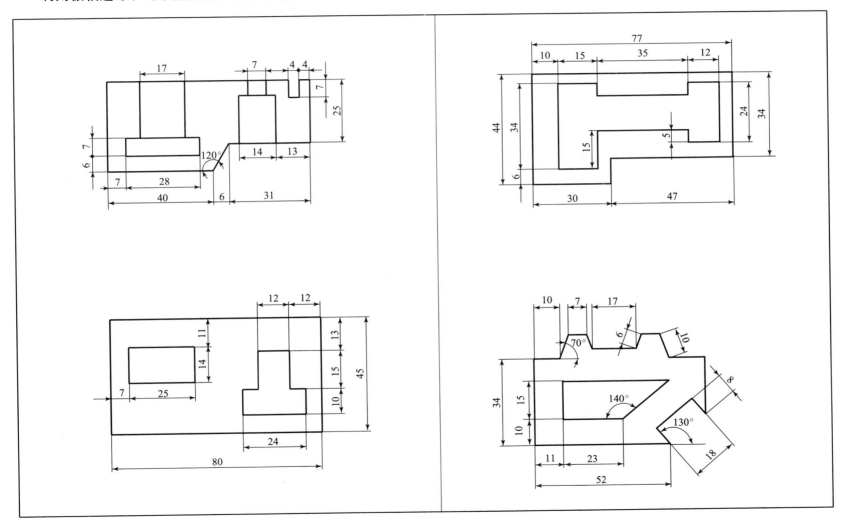

项目二 绘制平面图形

利用直线、圆与自动追踪功能绘制下列视图（不标注尺寸）。

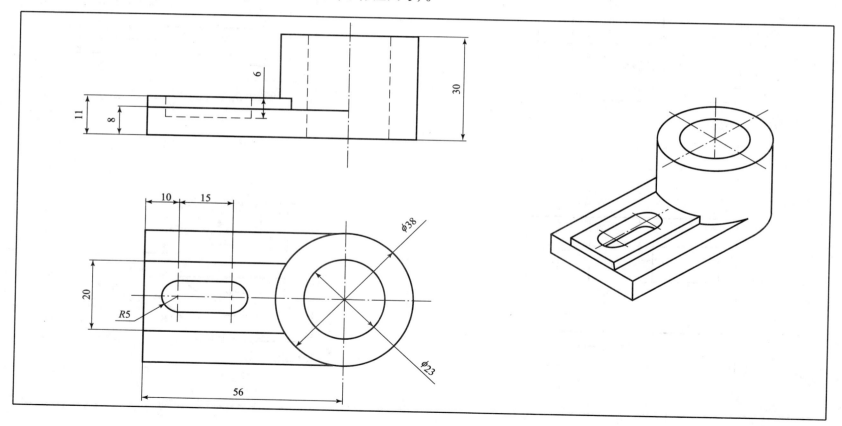

利用直线、圆与自动追踪功能绘制下列视图（不标注尺寸）。

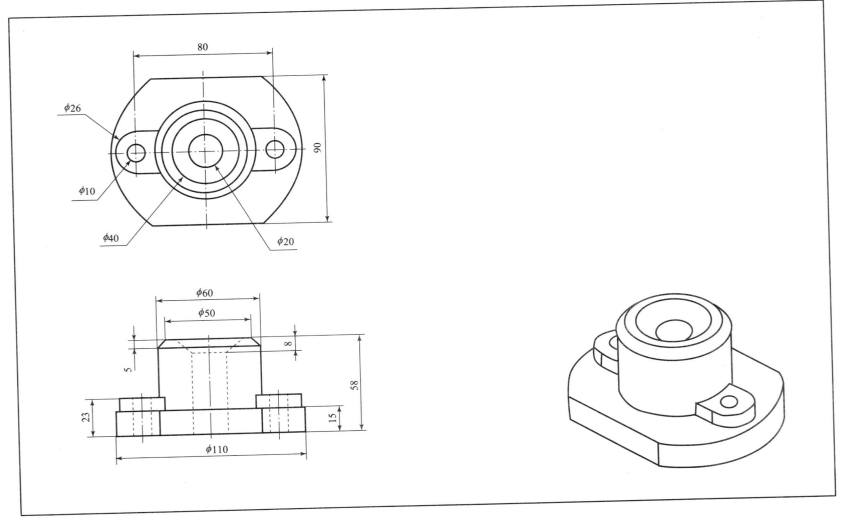

利用直线、圆与自动追踪功能绘制下列三视图（不标注尺寸）。

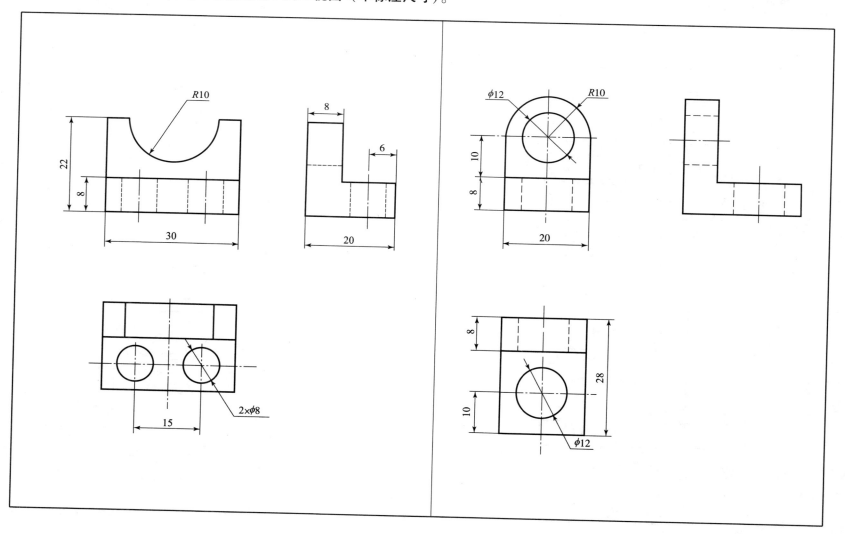

利用直线、圆与自动追踪功能绘制下列三视图（不标注尺寸）。

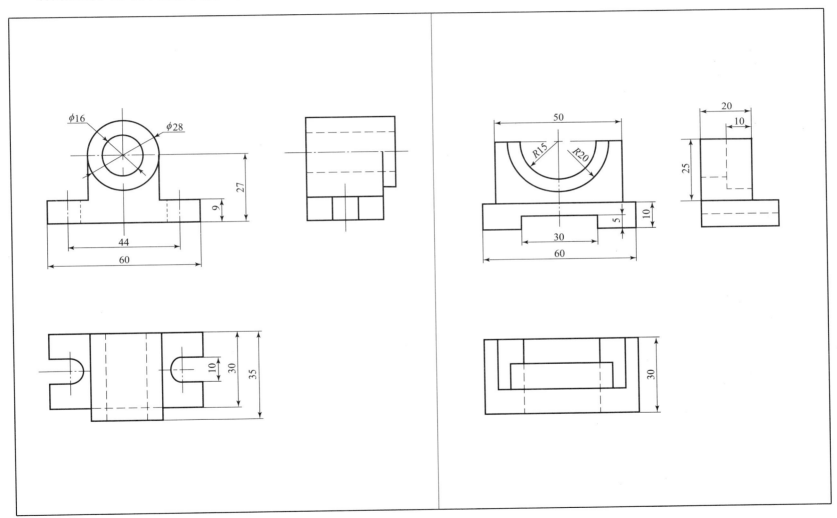

利用直线、圆与自动追踪功能绘制下列三视图（不标注尺寸）。

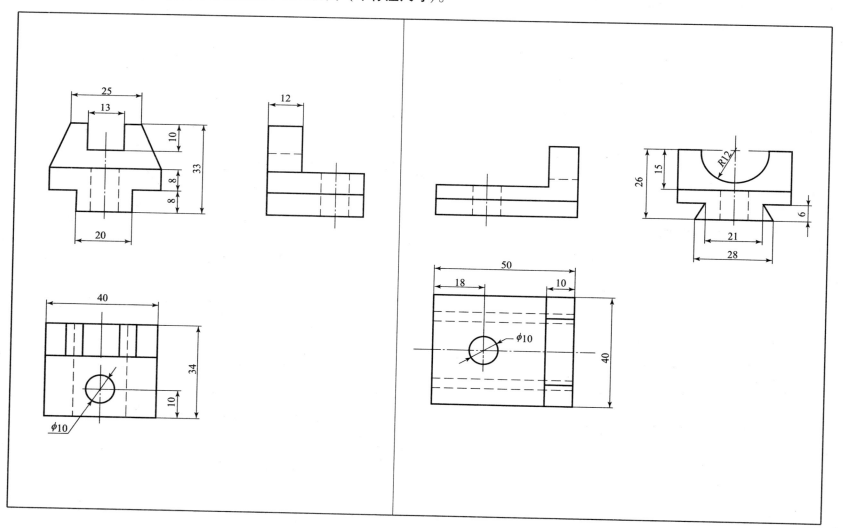

利用圆、椭圆、圆弧与偏移命令绘制下列平面图形（不标注尺寸）。

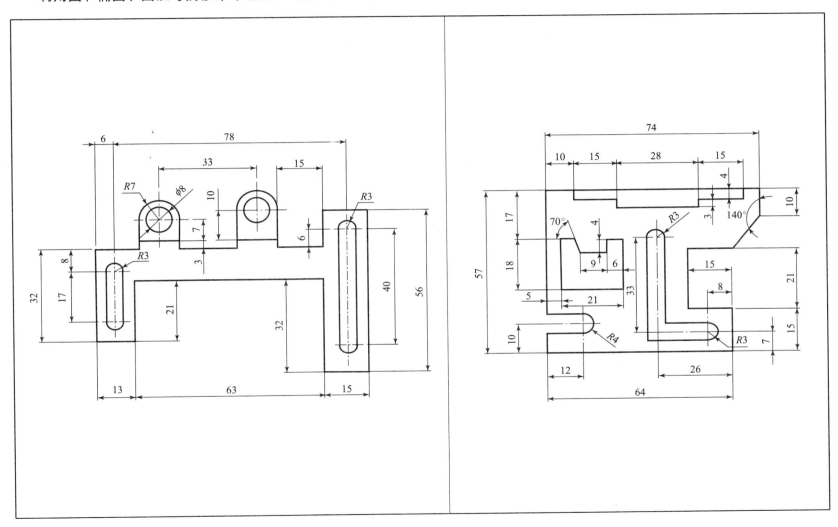

利用圆、椭圆、圆弧与偏移命令绘制下列平面图形（不标注尺寸）。

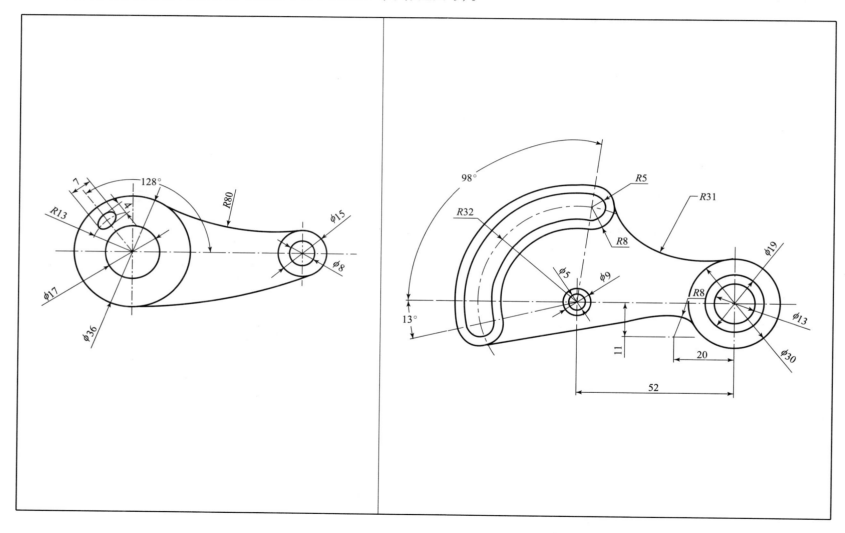

利用圆、椭圆、圆弧与偏移命令绘制下列平面图形（不标注尺寸）。

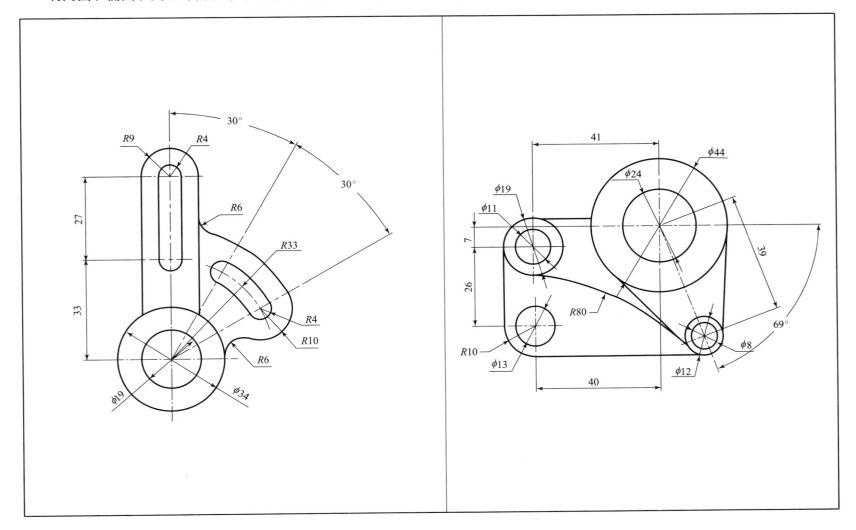

利用圆、椭圆、圆弧与偏移命令绘制下列平面图形（不标注尺寸）。

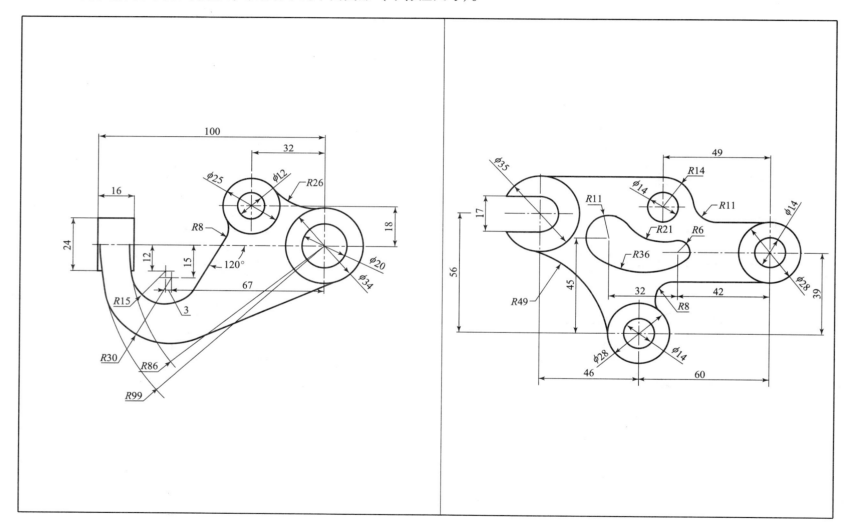

利用阵列功能绘制下列平面图形（不标注尺寸）。

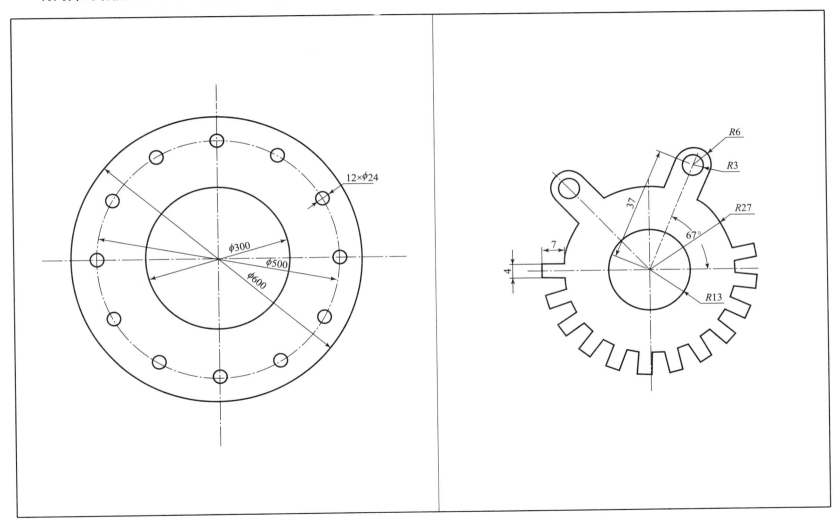

利用阵列功能绘制下列平面图形（不标注尺寸）。

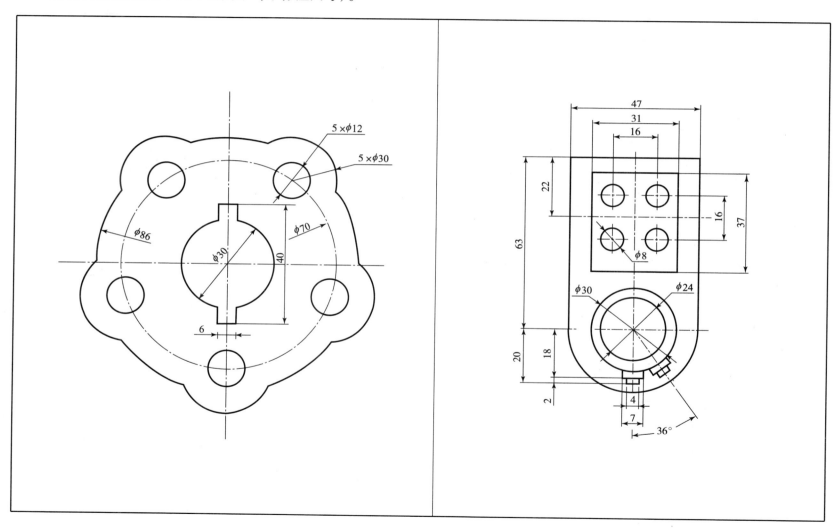

利用阵列和复制功能绘制下列平面图形（不标注尺寸）。

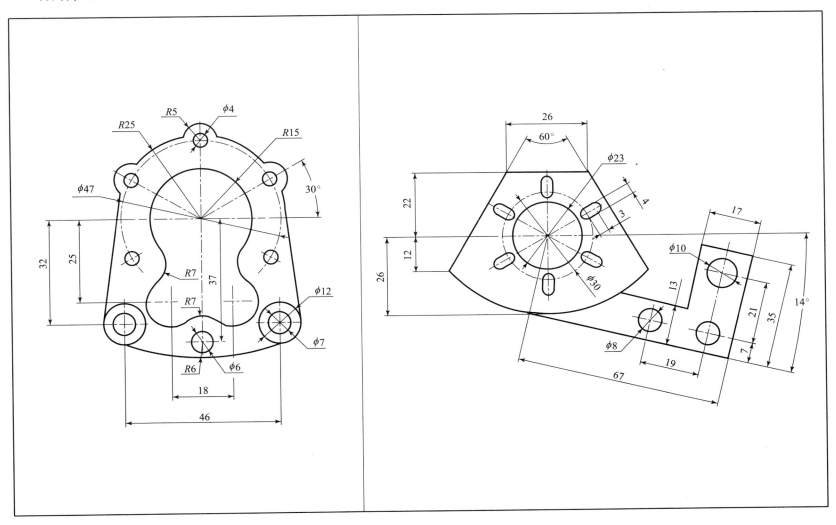

绘制下列平面图形（不标注尺寸）。

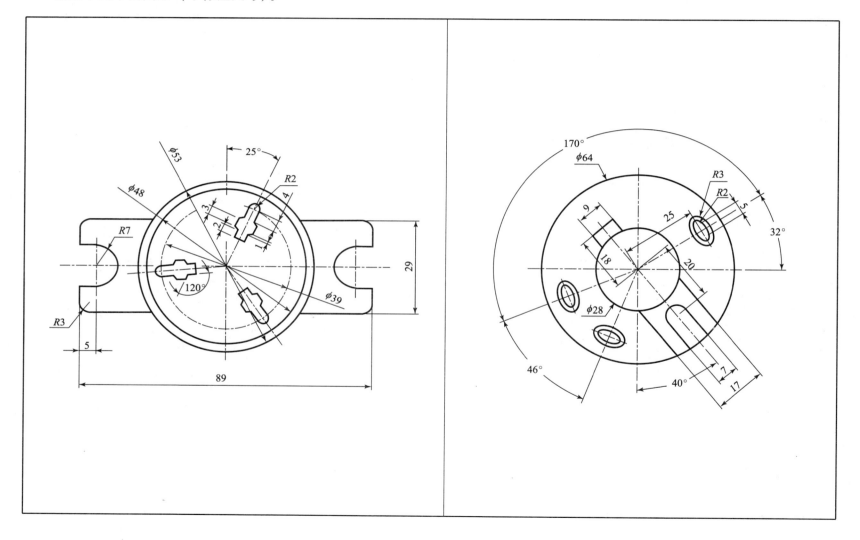

绘制下列平面图形（不标注尺寸）。

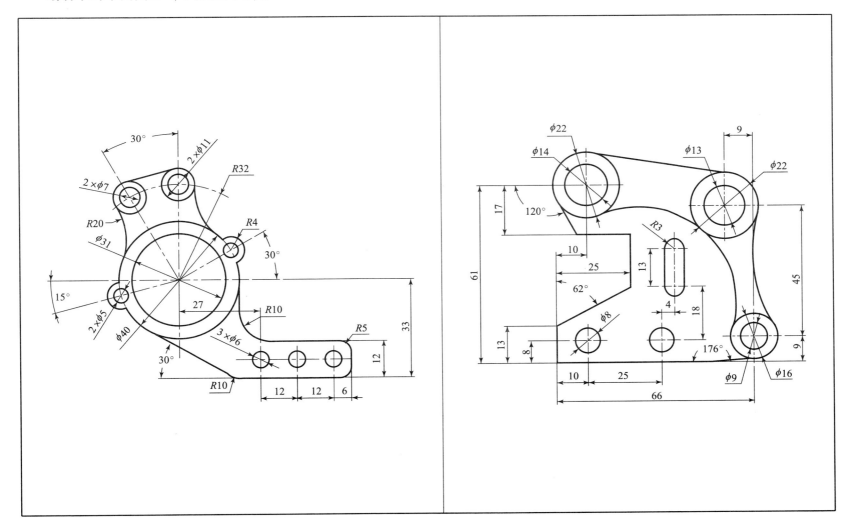

绘制下列平面图形（不标注尺寸）。

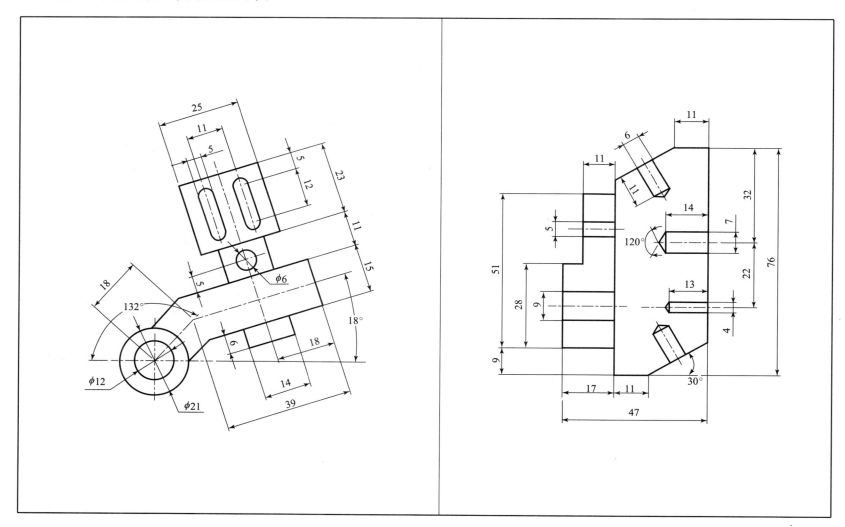

绘制下列平面图形（不标注尺寸）。

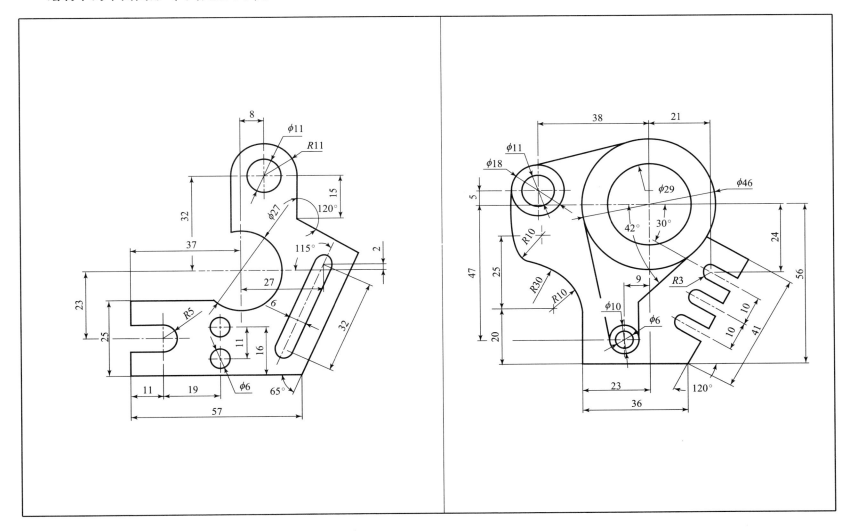

绘制下列平面图形（不标注尺寸）。

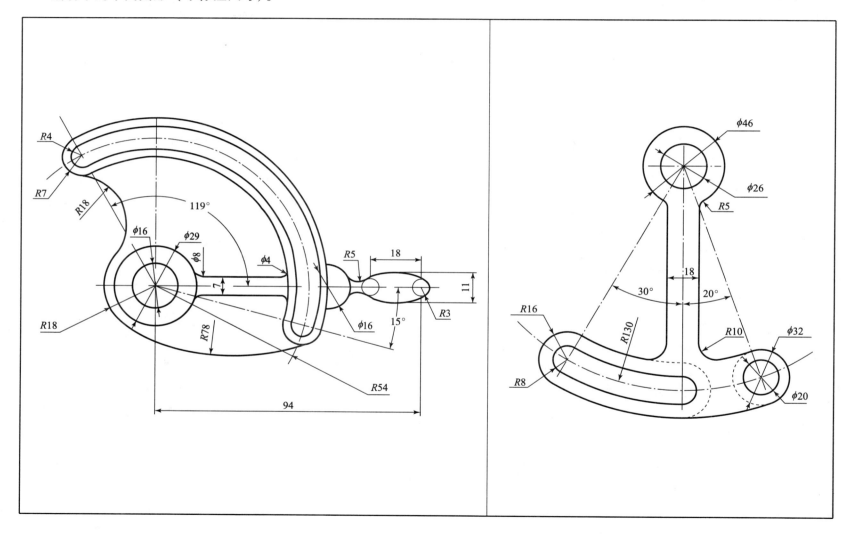

绘制下列平面图形（不标注尺寸）。

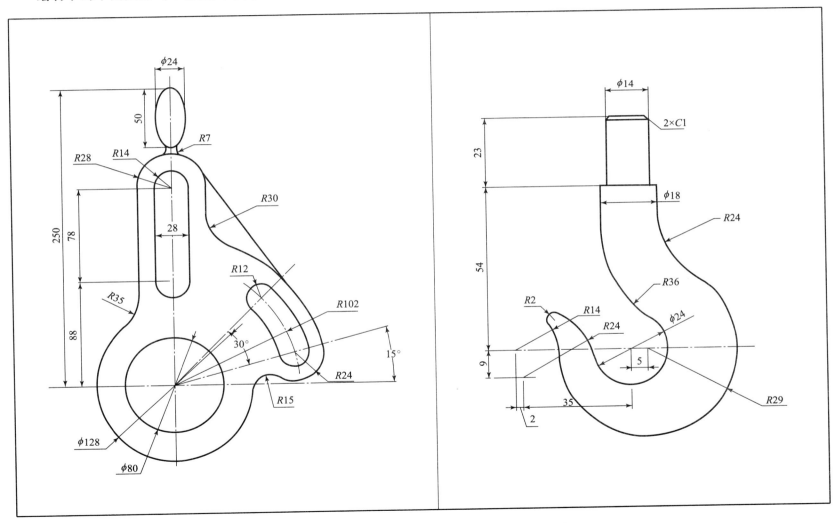

绘制下列平面图形（不标注尺寸）。

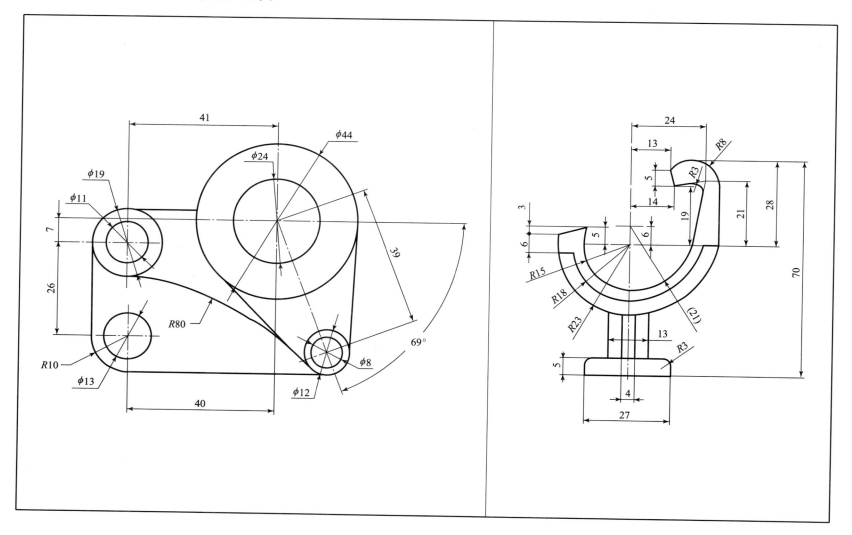

绘制下列组合体三视图（不标注尺寸）。

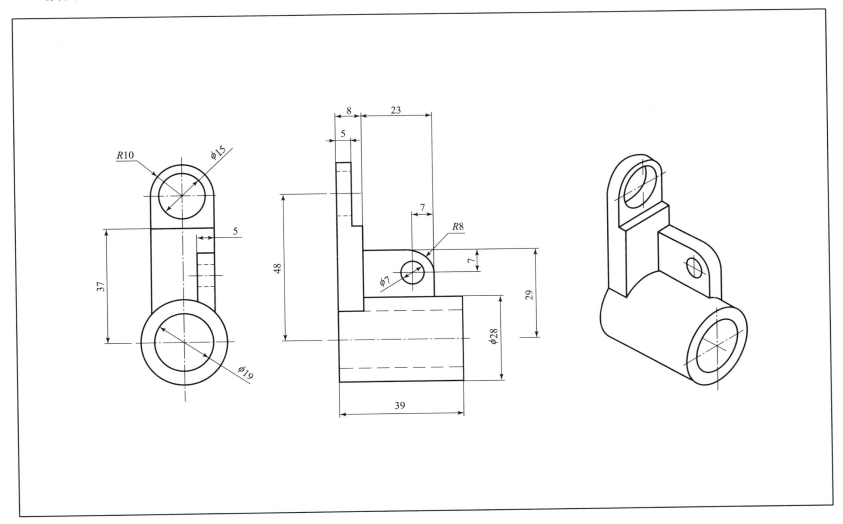

绘制下列组合体视图（不标注尺寸）。

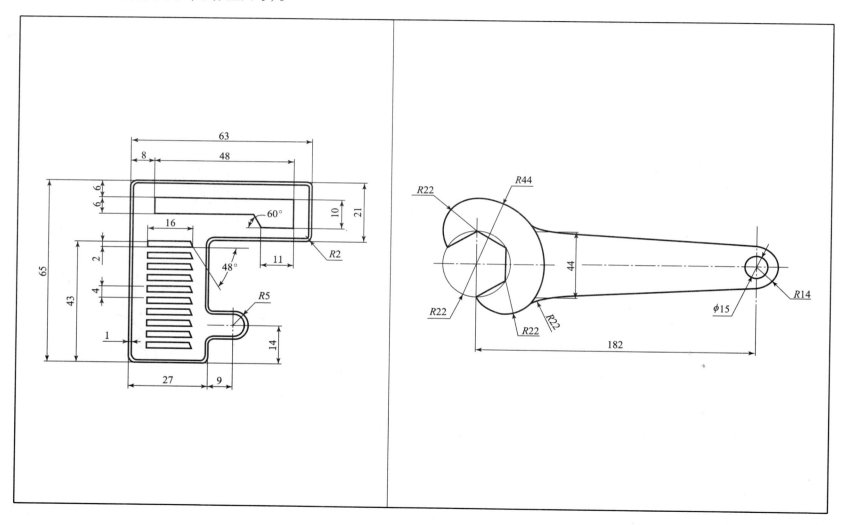

项目三 绘制剖视图和标准件图

绘制下列剖视图（不标注尺寸）。

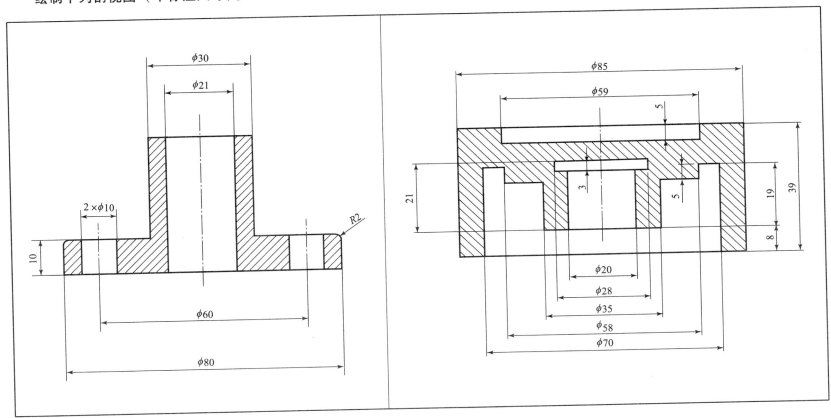

绘制下列剖视图（不标注尺寸）。

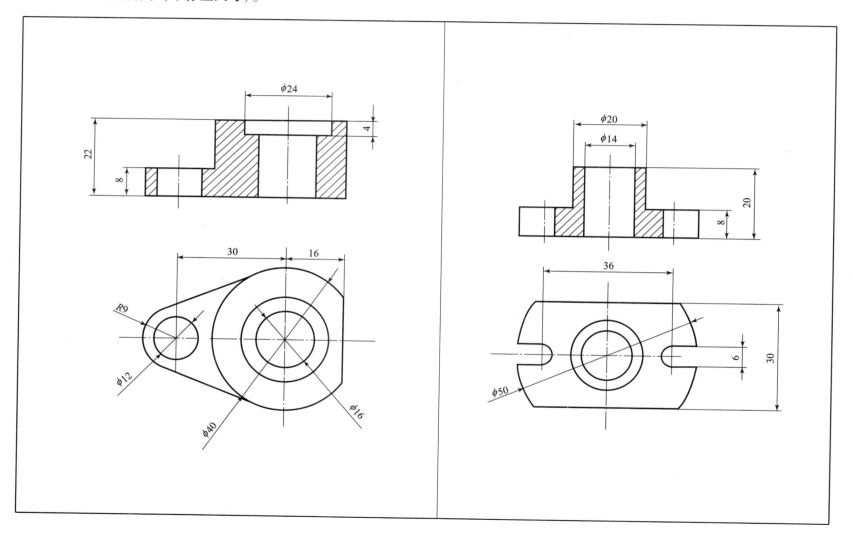

绘制下列剖视图（不标注尺寸）。

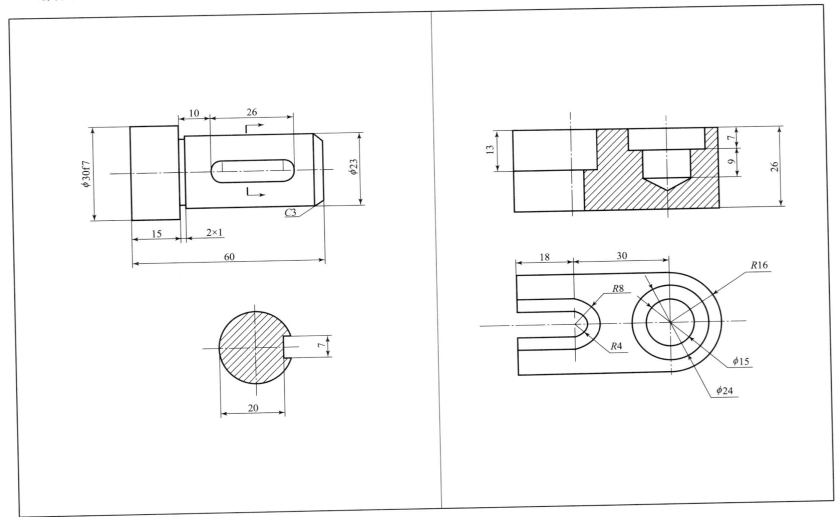

绘制下列剖视图（不标注尺寸）。

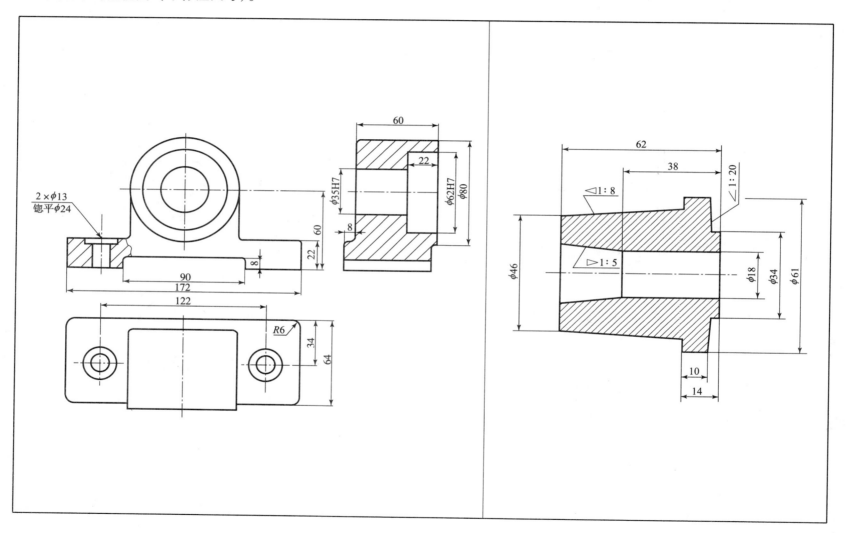

绘制下列剖视图（不标注尺寸）。

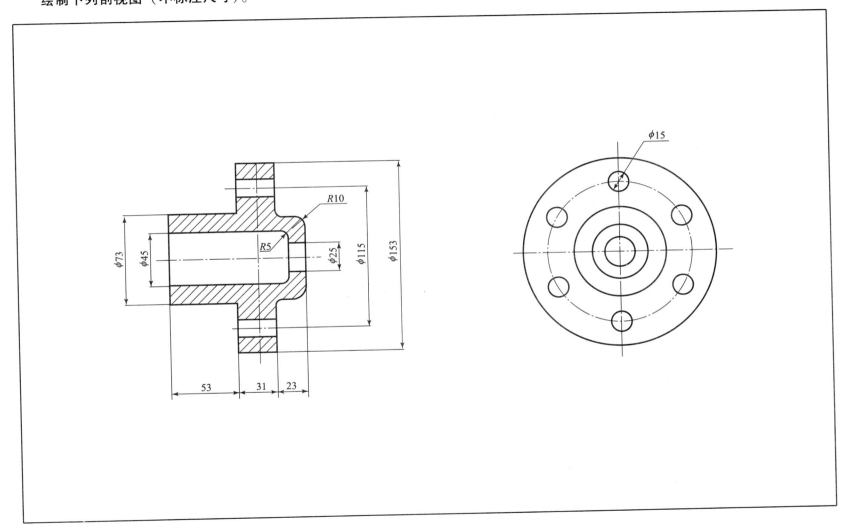

绘制下列剖视图（不标注尺寸）。

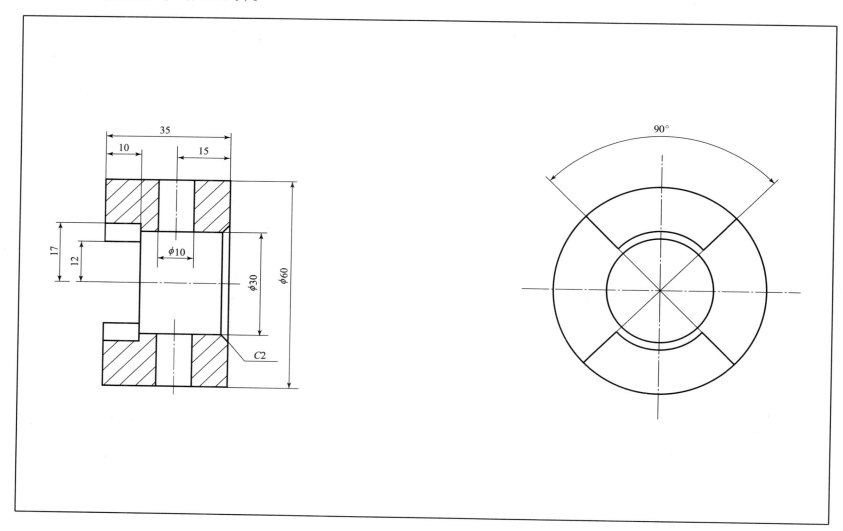

绘制下列剖视图（不标注尺寸）。

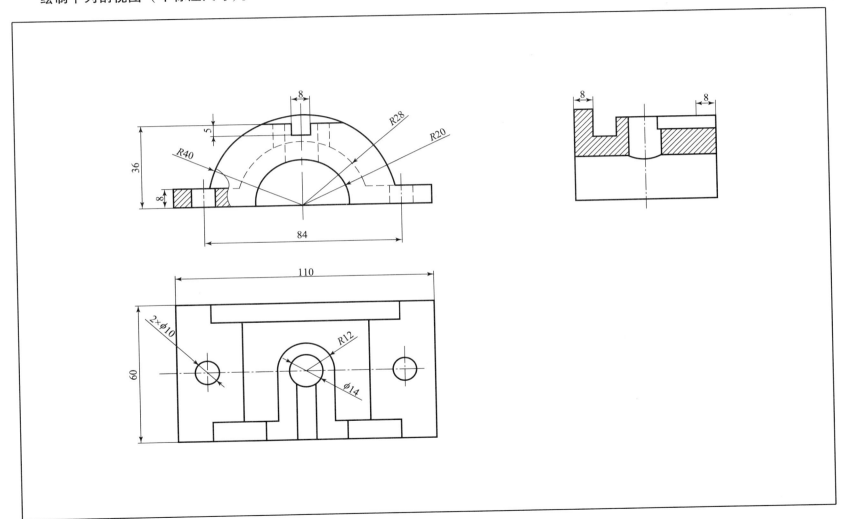

绘制下列剖视图（不标注尺寸）。

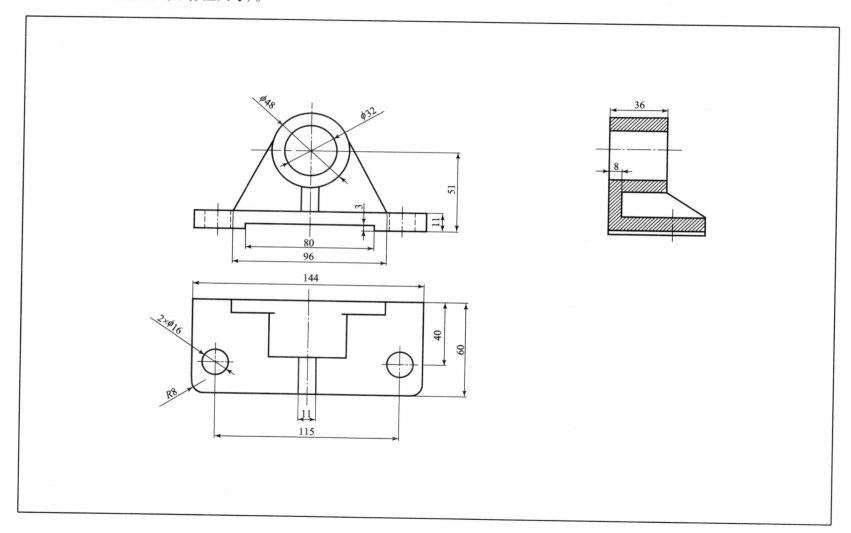

绘制下列剖视图（不标注尺寸）。

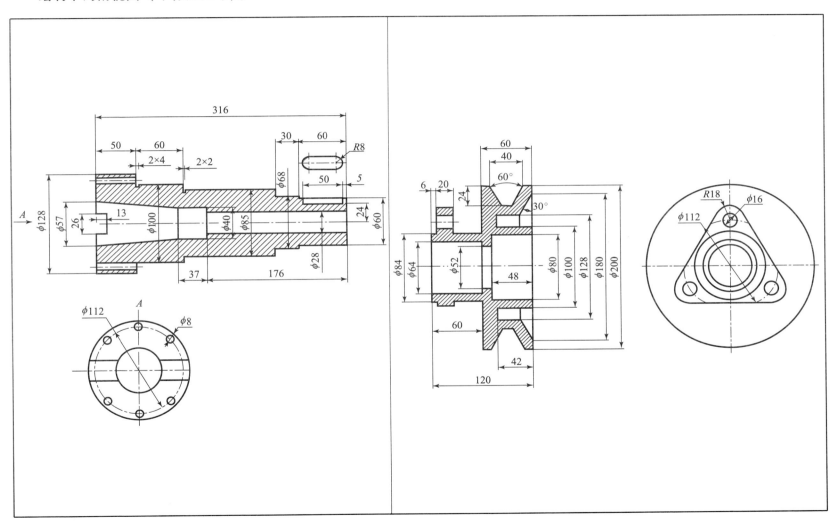

绘制下列剖视图（不标注尺寸）。

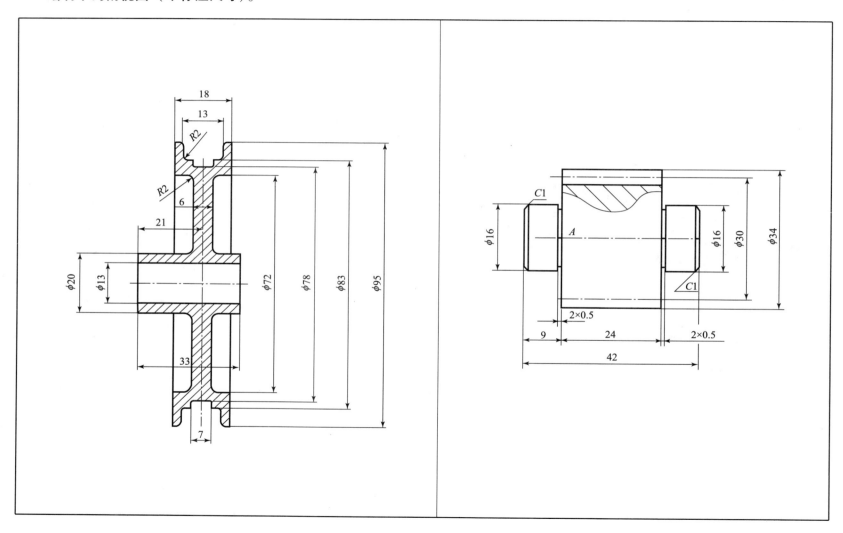

绘制下列剖视图（不标注尺寸）。

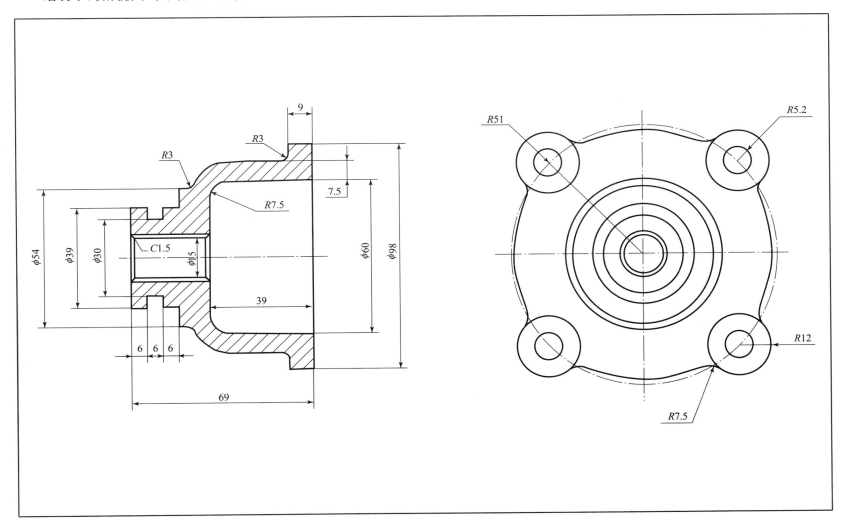

绘制下列标准件图（不标注尺寸）。

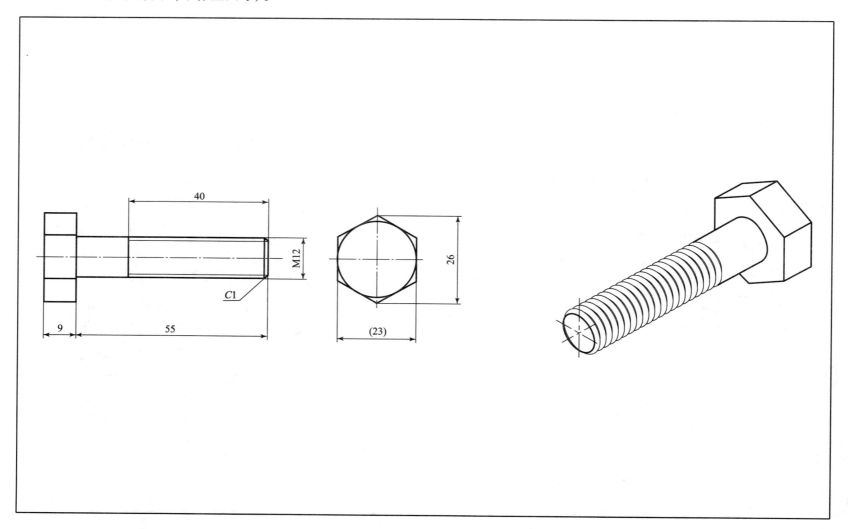

绘制下列标准件图（不标注尺寸）。

1. 绘制六角头螺栓（M12×50）视图。

2. 绘制螺母视图。

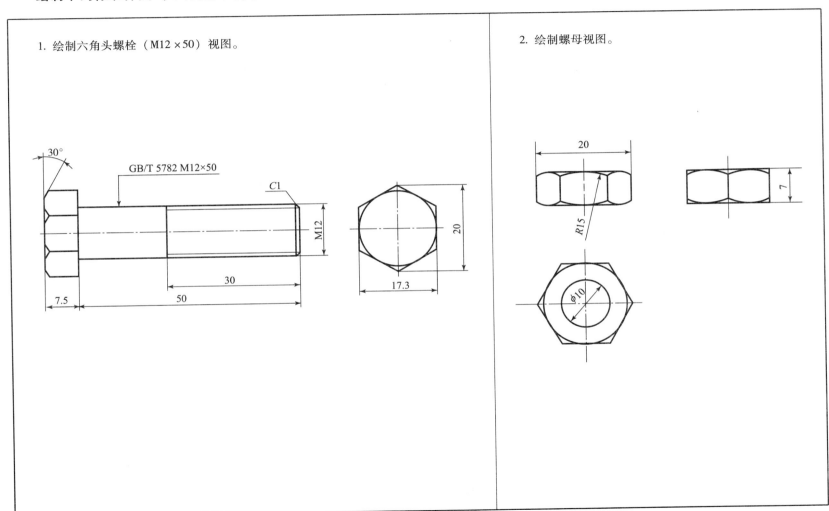

绘制下列标准件图（不标注尺寸）。

1. 绘制沉头螺钉（M10×40）视图。

2. 绘制端面带孔圆螺钉（M12）视图。

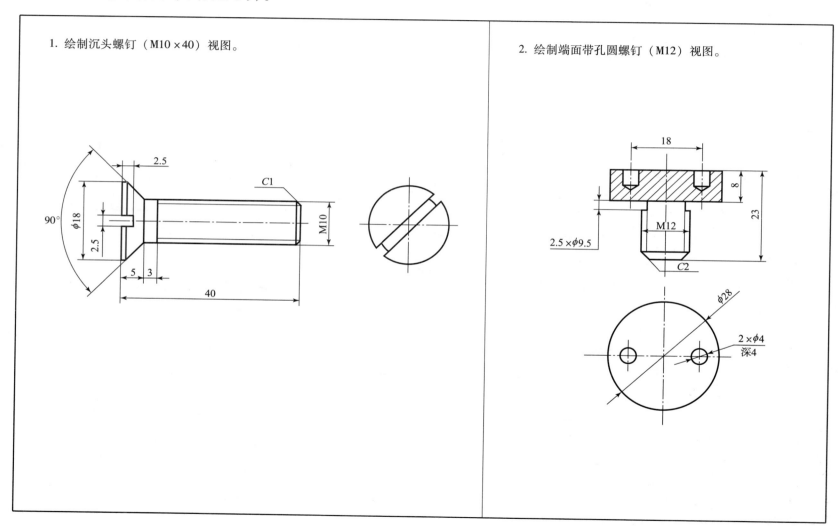

绘制下列标准件图（不标注尺寸）。

1. 绘制圆柱头螺钉（M10×40）视图。

2. 绘制标准六角螺母（M30）视图。

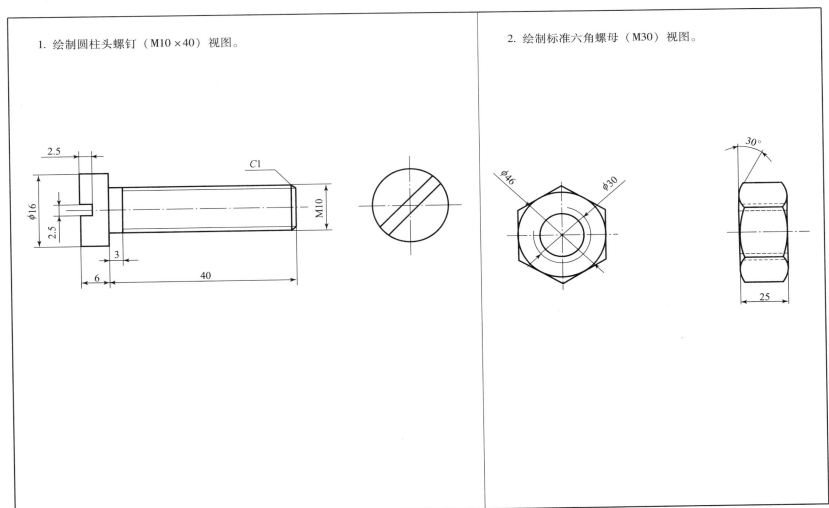

绘制下列标准件图（不标注尺寸）。

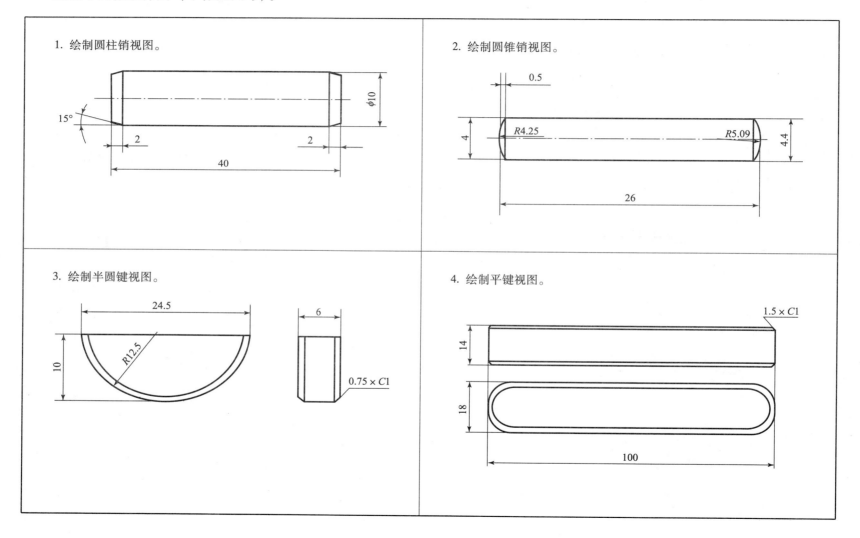

1. 绘制圆柱销视图。

2. 绘制圆锥销视图。

3. 绘制半圆键视图。

4. 绘制平键视图。

抄画直齿圆柱齿轮视图（不标注尺寸）。

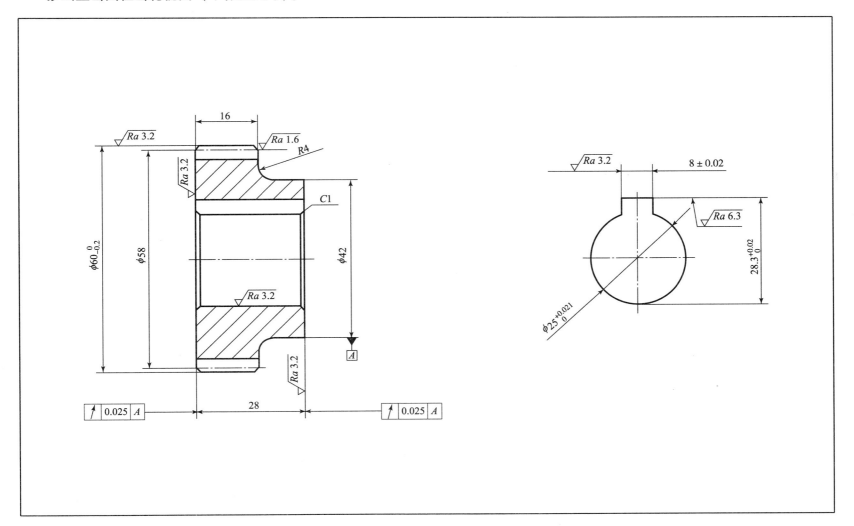

抄画轴承视图（不标注尺寸）。

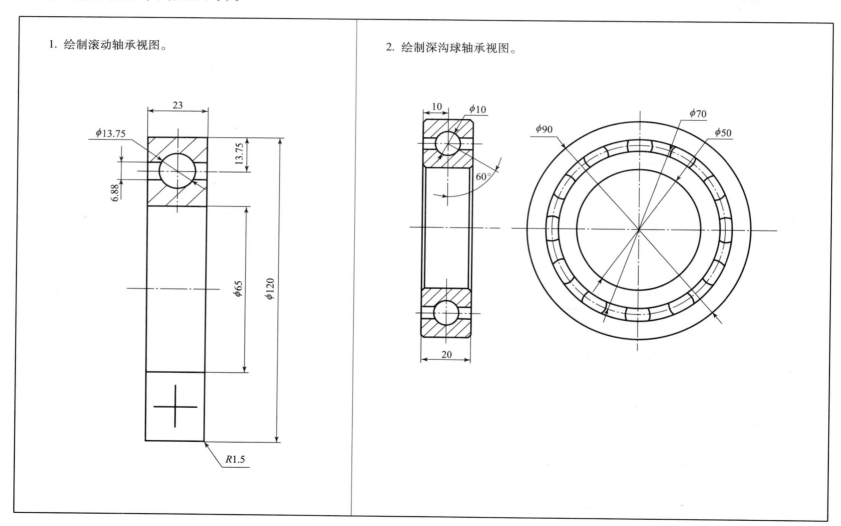

抄画弹簧标准件图（不标注尺寸）。

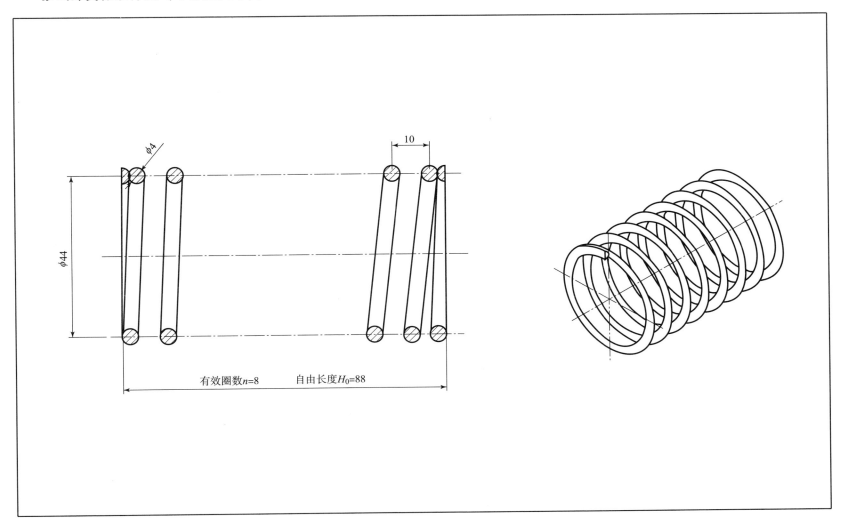

项目四 图形标注

创建对应文字样式，书写如下所示的段落文字。

---

1. 定义汉字样式（仿宋字体、宽度因子为0.8），并输入如下文字：

在标注文本之前，需要对文本的字体定义一种样式。字体样式是所有字体文件的字体大小、宽度系数等参数的综合。

单行文字标注适用于标注文字较短的信息，如工程制图中的材料说明、机械制图中的部件名称等。

标注多行文字时，可以使用不同的字体和字号。多行文字适用于标注一些段落性的文字，如技术要求、装配说明等。

2. 定义数字样式（gbeitc.shx 字体、宽度因子为1），并输入如下数字：

$\phi 30 \pm 0.02 \quad 60° \quad 37° \quad \phi 50^{+0.039}_{0} \quad \phi 60^{H7}_{F6} \quad \phi 50^{-0.009}_{-0.025} \quad m^2 \quad m_2$

$36 \pm 0.07 \quad \phi 40 \pm 0.010 \quad \phi 50H6$

制作标题栏。

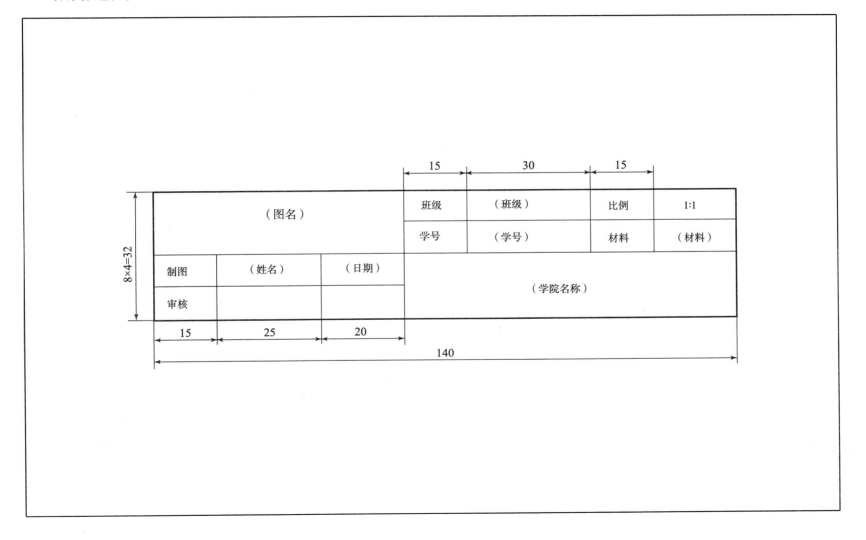

绘制下面的平面图形并标注尺寸。

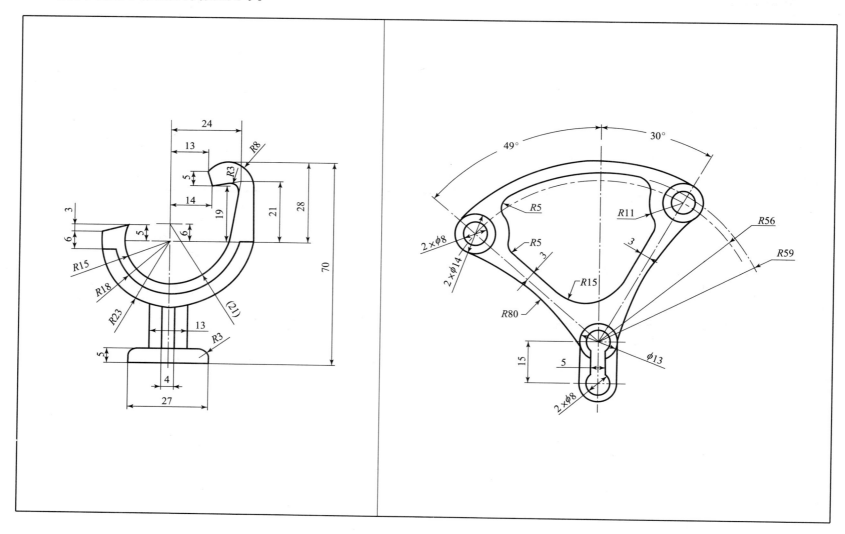

绘制下面的平面图形并标注尺寸。

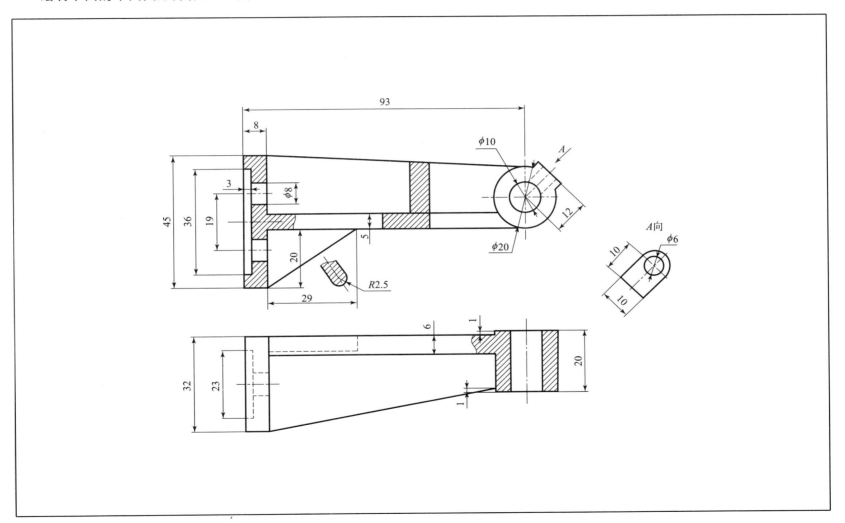

练习创建属性图块。

1. 创建带属性的粗糙度块，并绘制下面的平面图形，利用创建的块标注粗糙度。

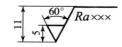

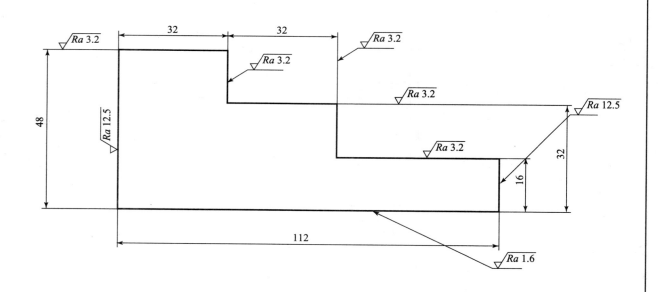

按照 **1∶1** 比例抄画下面图形，并标注尺寸和技术要求。

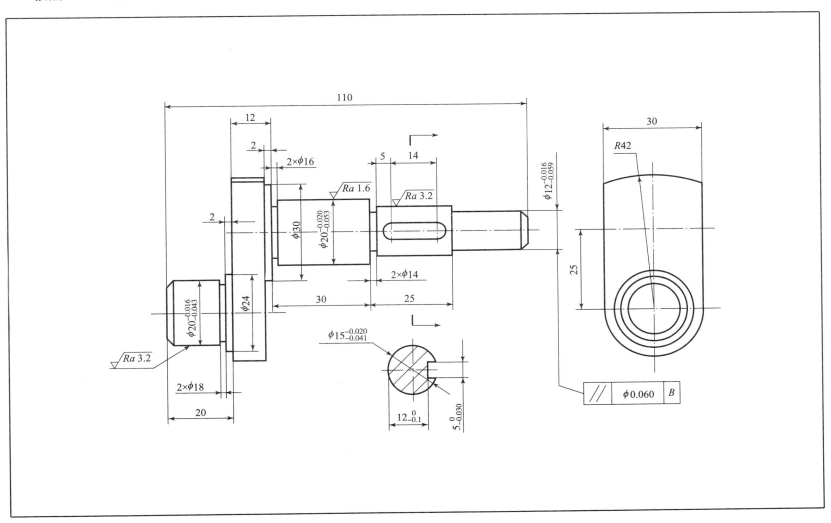

项目五 绘制零件图和装配图

抄画下列零件图。

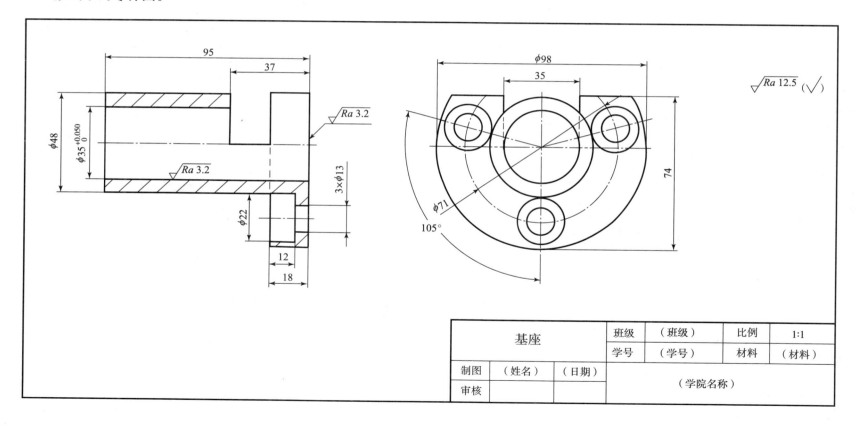

抄画传动轴零件图。

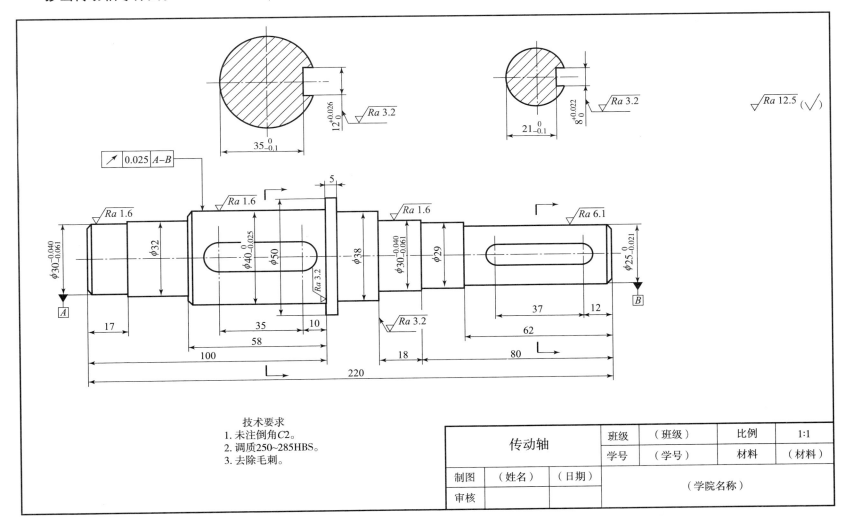

抄画下列轴类零件图。

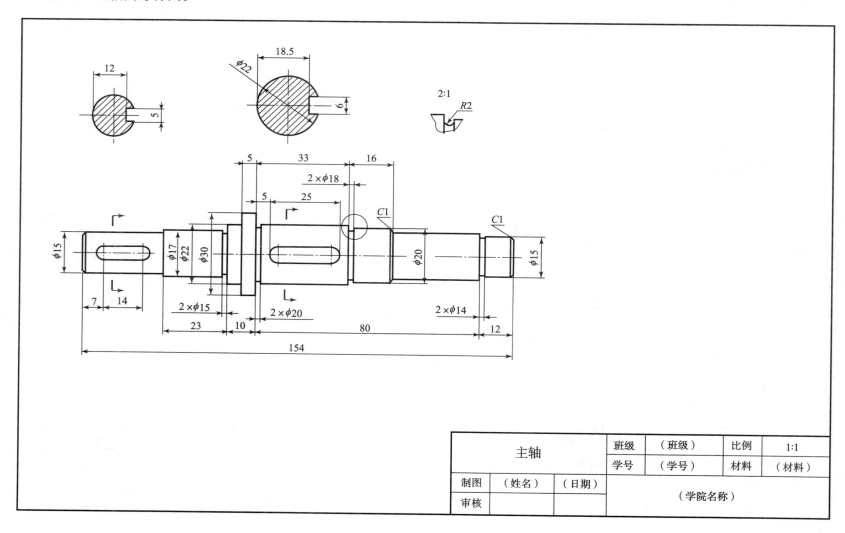

抄画阶梯轴零件图。

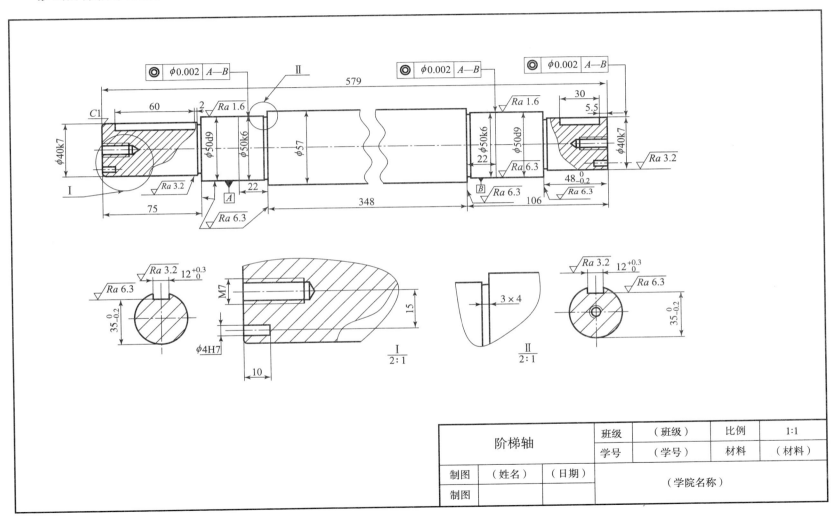

抄画下列轴类零件图。

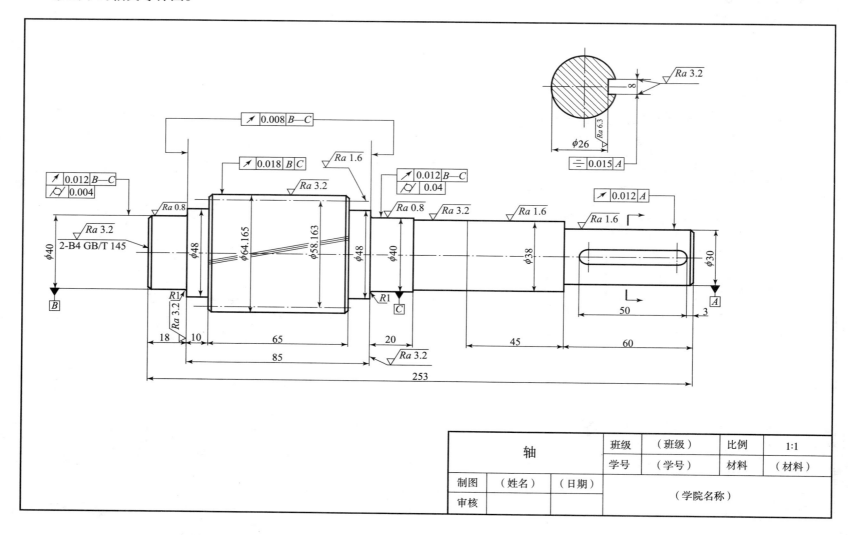

抄画箱体零件图。

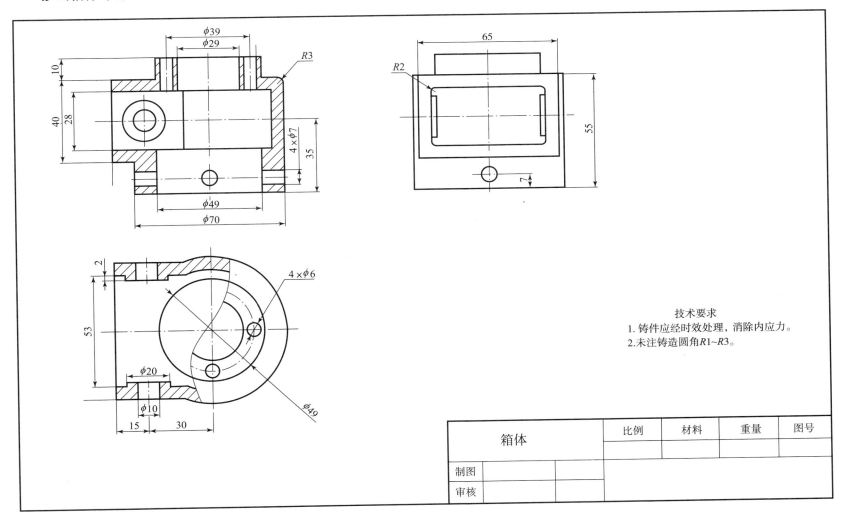

技术要求
1. 铸件应经时效处理，消除内应力。
2. 未注铸造圆角R1~R3。

抄画齿轮零件图。

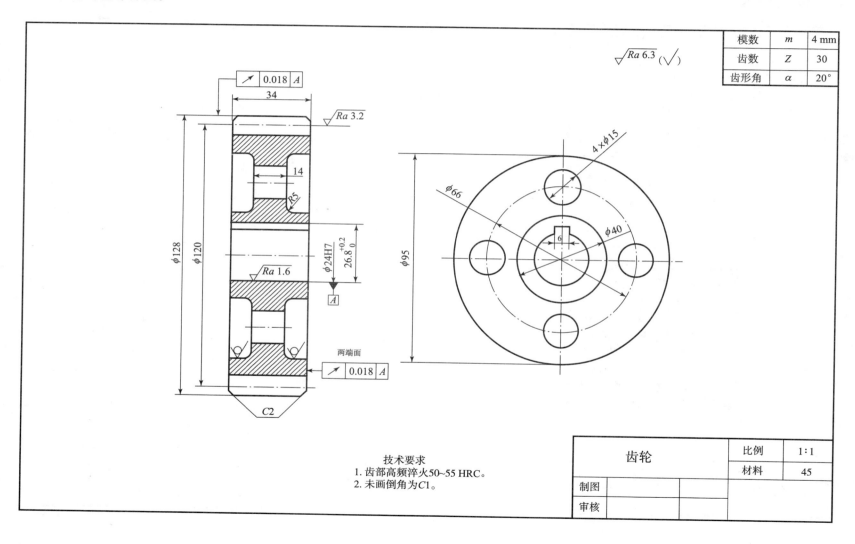

抄画摇臂零件图。

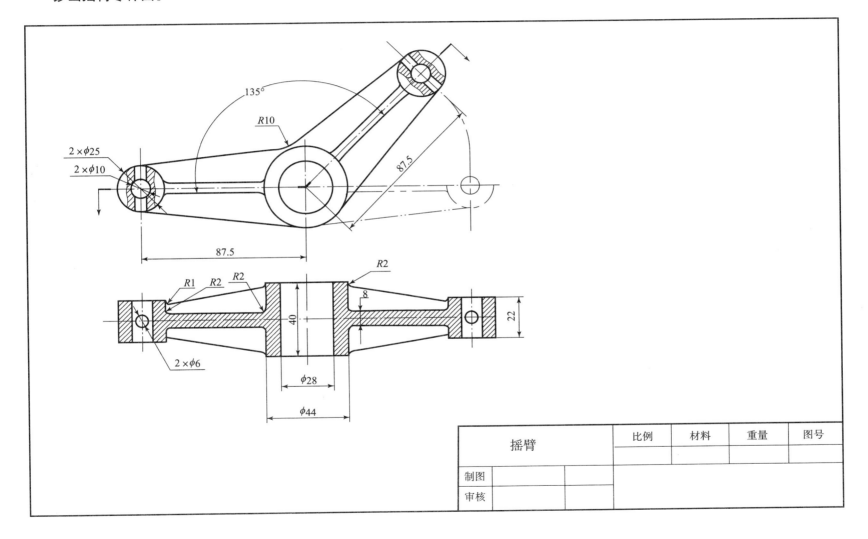

抄画下列圆柱齿轮零件图。

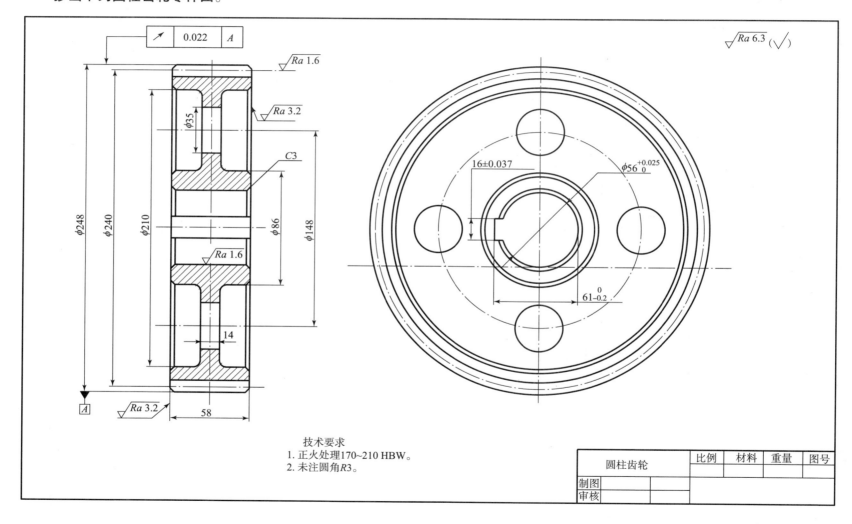

抄画轴承座零件图。

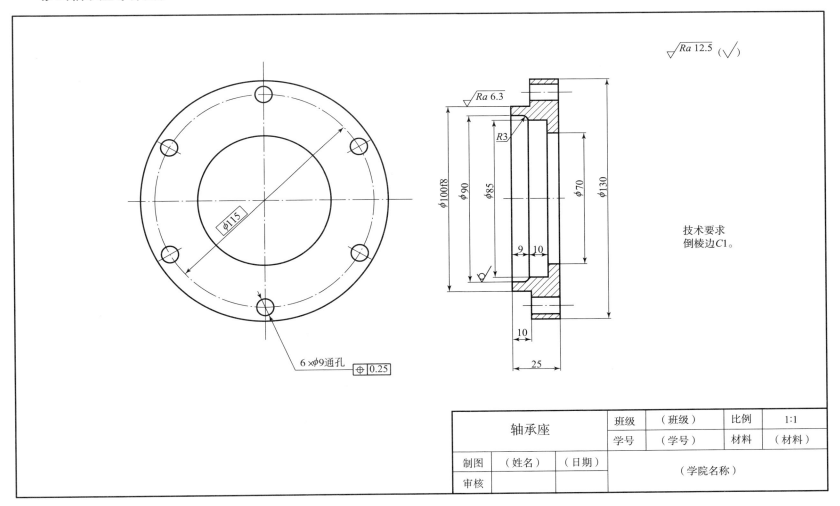

抄画蜗轮零件图。

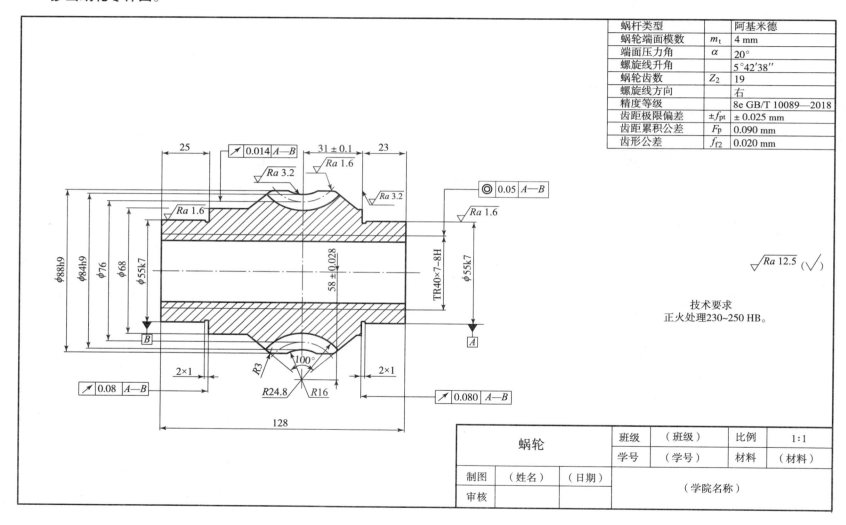

抄画阀盖零件图。

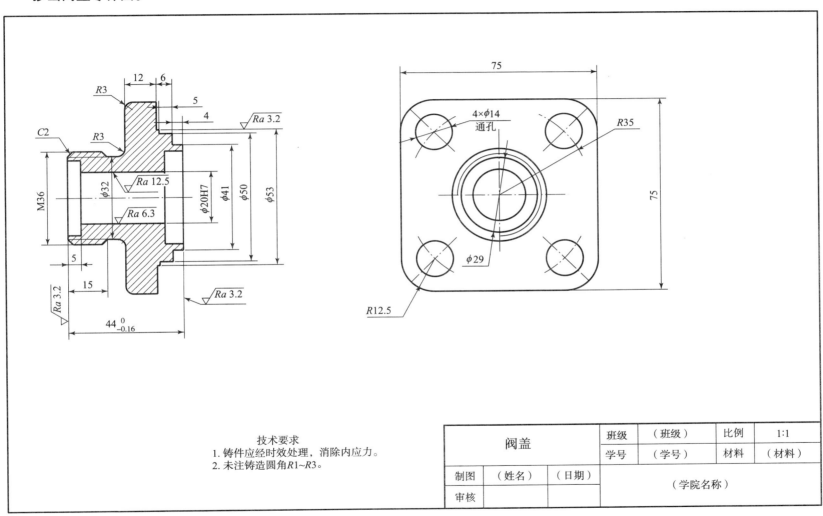

抄画支架零件图。

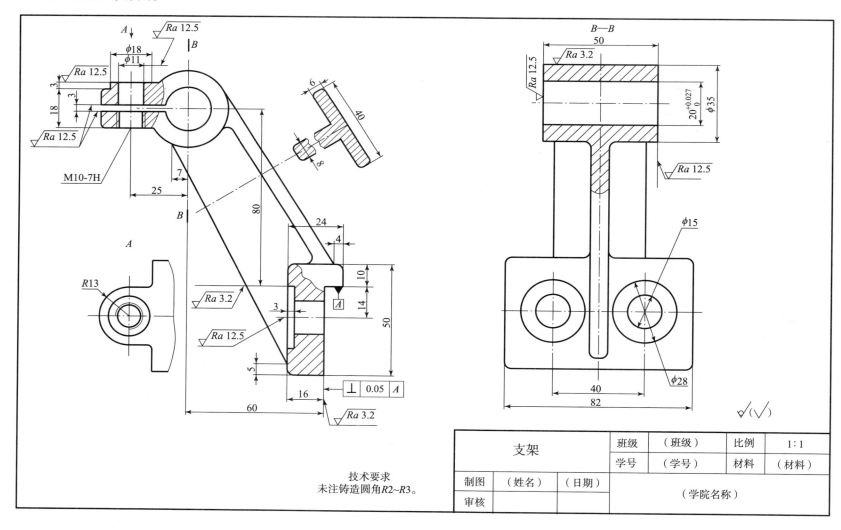

抄画缸体零件图。

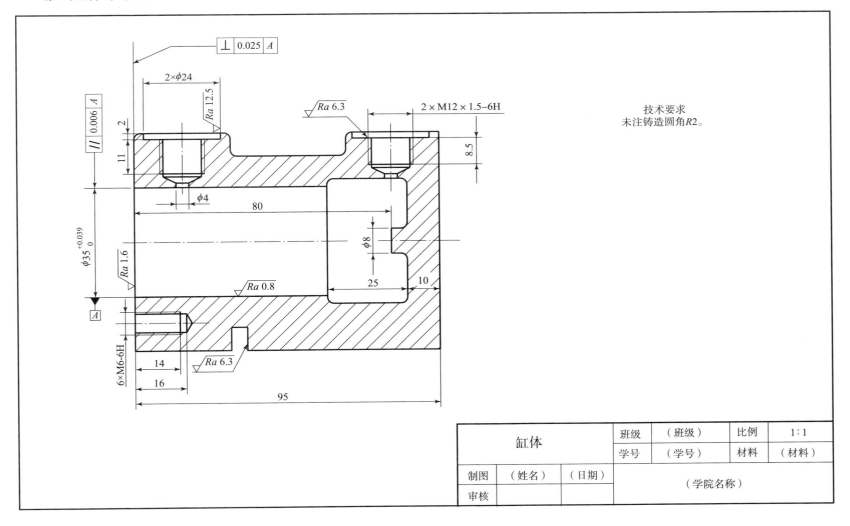

根据零件图 1~4 绘制装配图 5。

零件图1

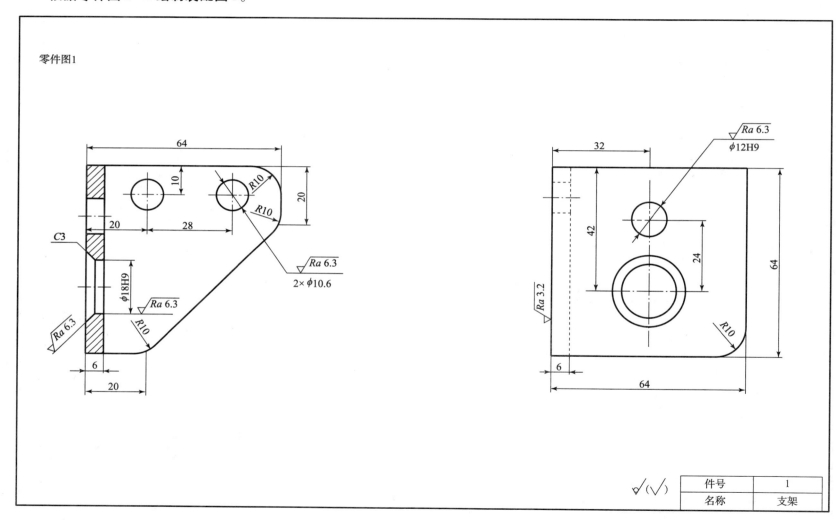

根据零件图1~4绘制装配图5。

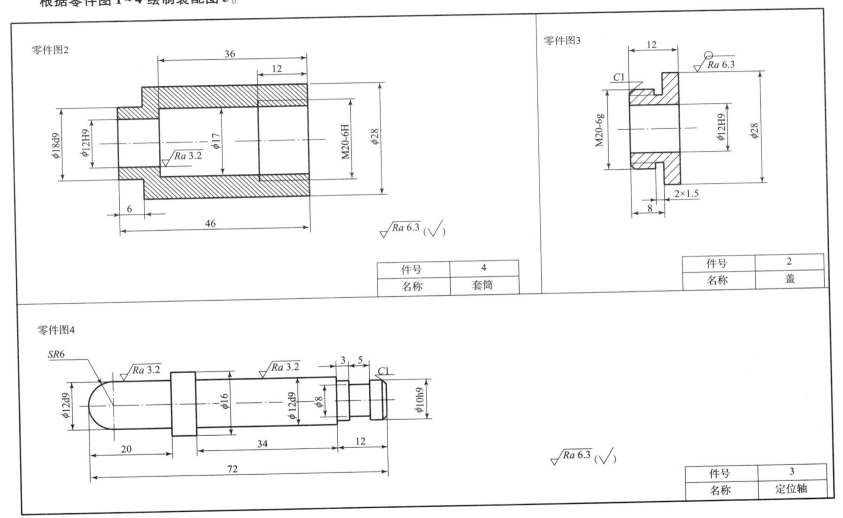

根据零件图 1~4 绘制装配图 5。

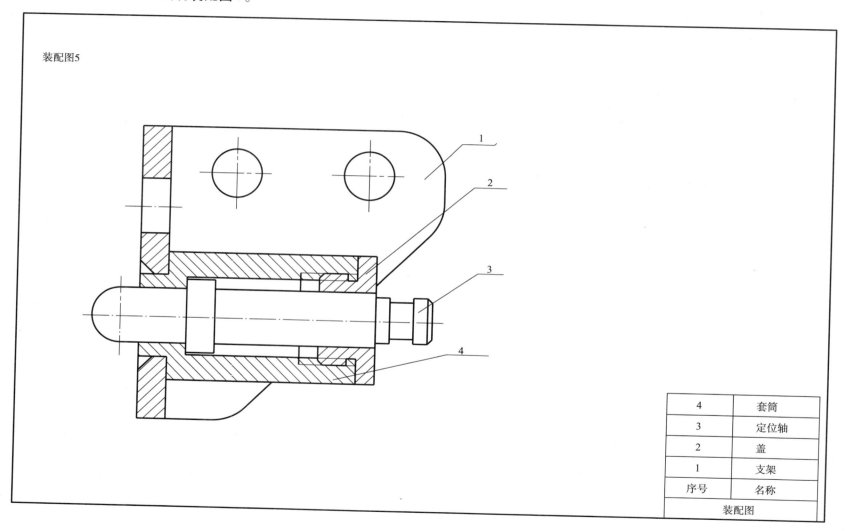

根据零件图 6~11 绘制装配图 12。

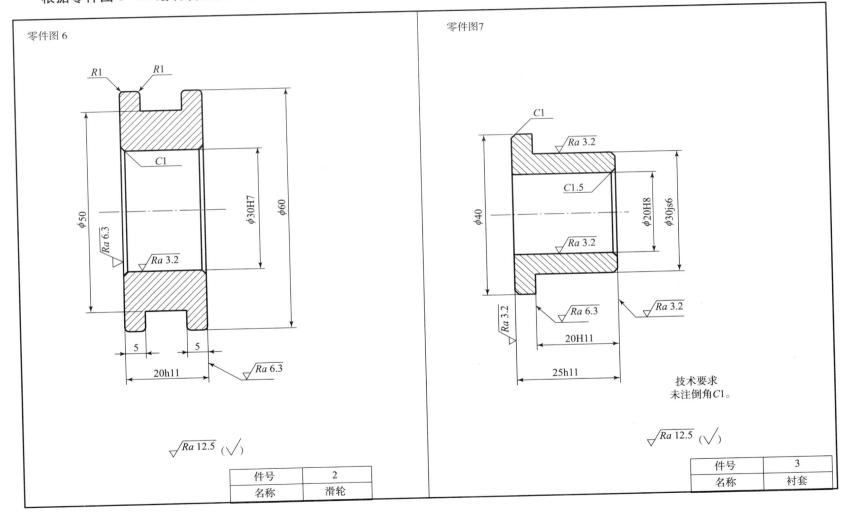

根据零件图 6~11 绘制装配图 12。

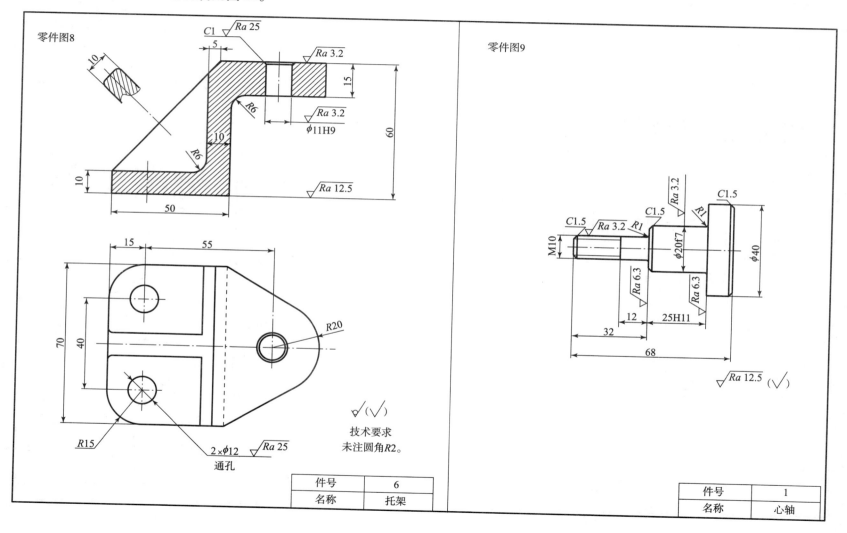

根据零件图6~11绘制装配图12。

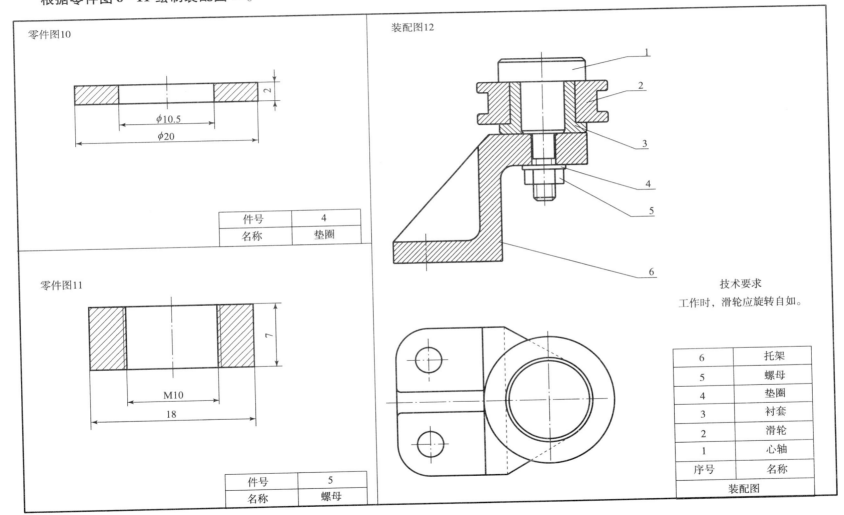

根据零件图 13~16 绘制装配图 17。

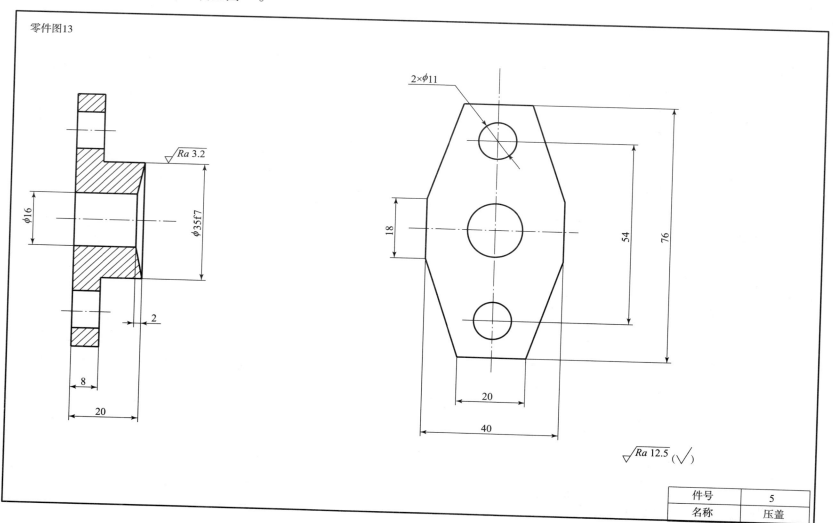

根据零件图 13~16 绘制装配图 17。

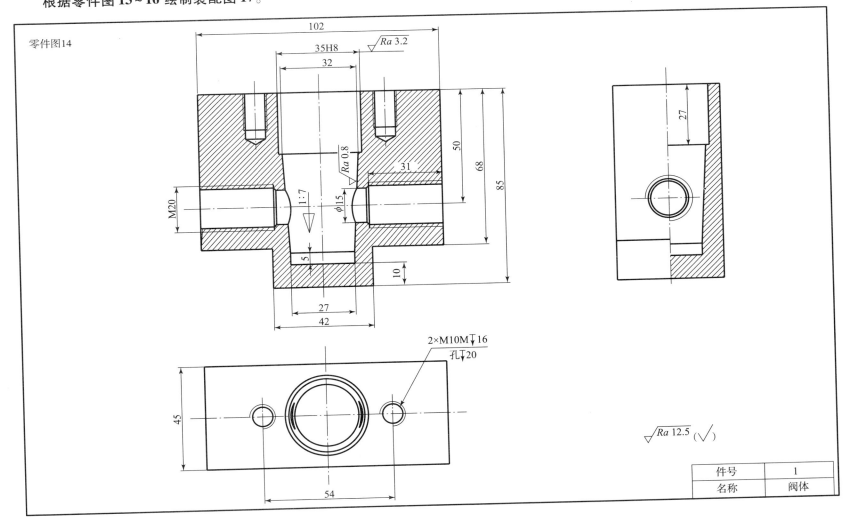

根据零件图 13~16 绘制装配图 17。

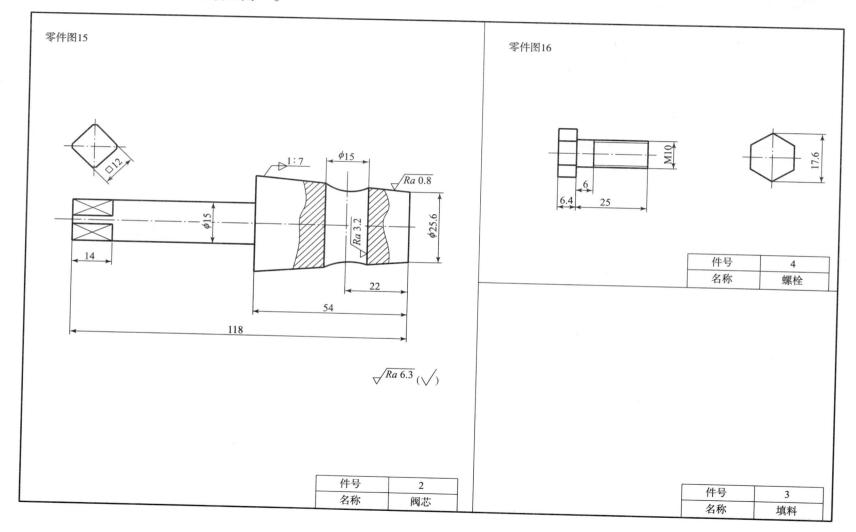

根据零件图 13~16 绘制装配图 17。

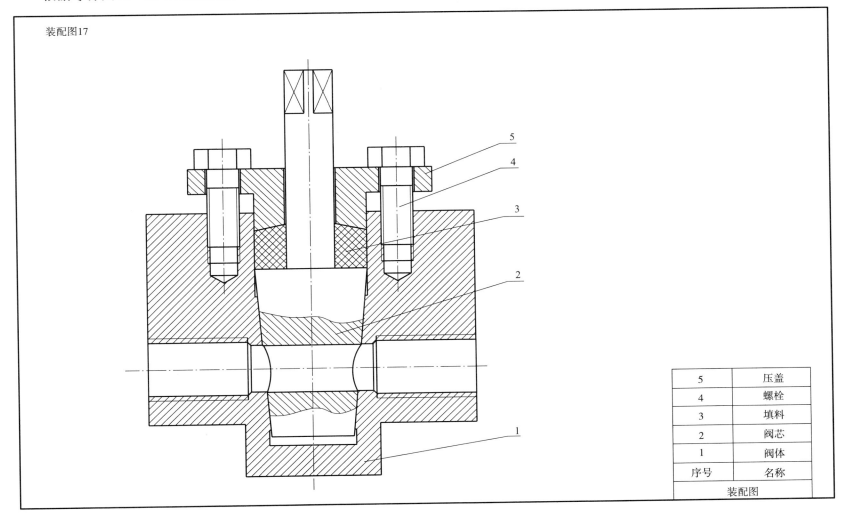

根据铣刀头装配图，拆画零件图。

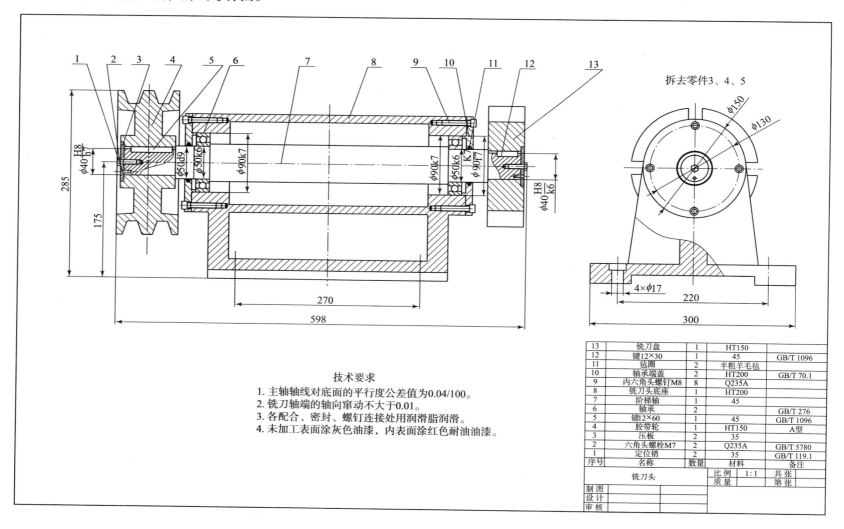

根据阀体夹具装配图，拆画零件图。

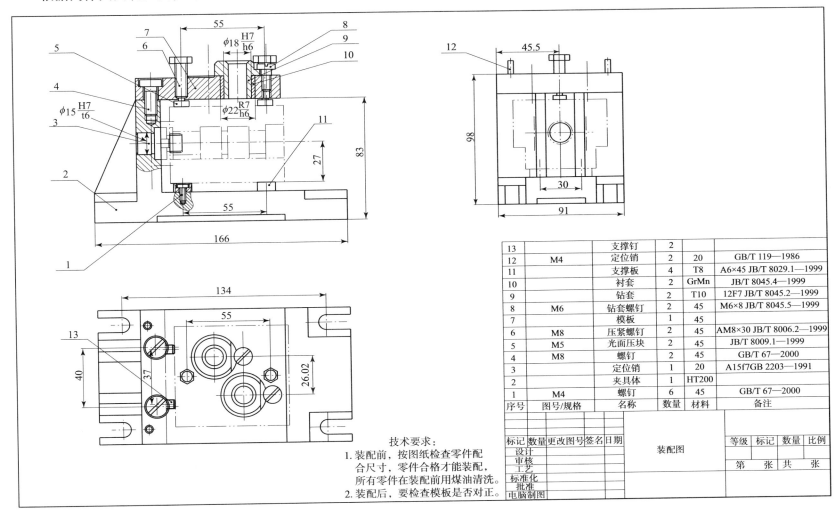

项目六　图形输出和查询

抄画以下图形，并进行打印预览。

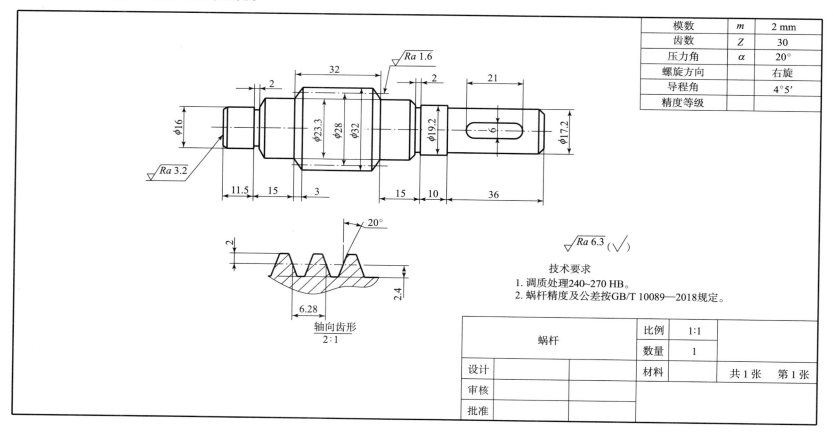

抄画以下图形，并进行打印预览。

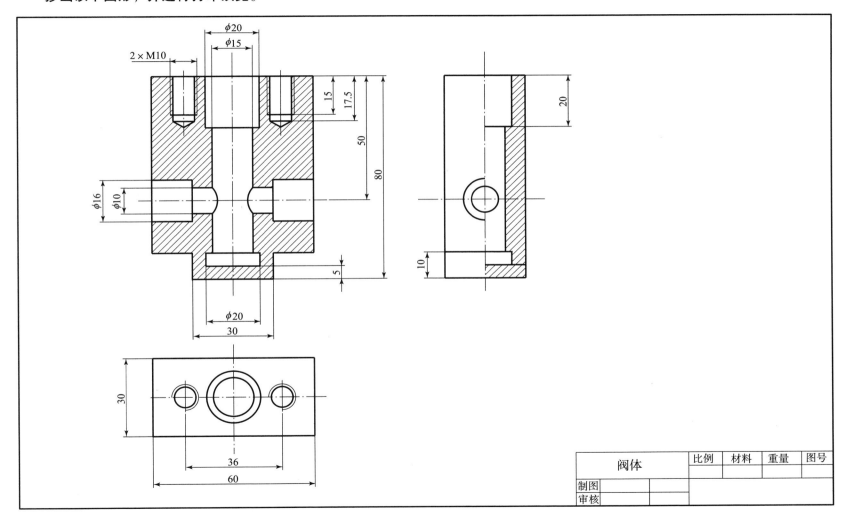

抄画以下图形，并进行打印预览。

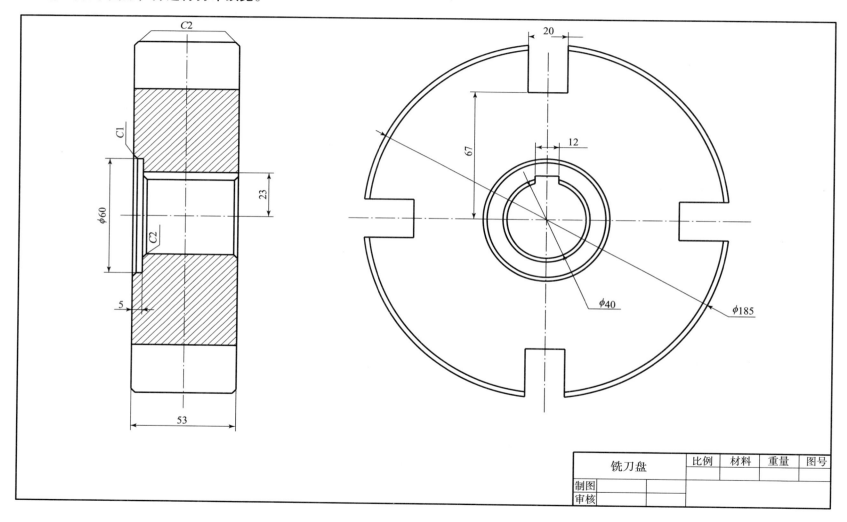

项目七 绘制正等轴测图

根据给定的尺寸绘制正等轴测图。

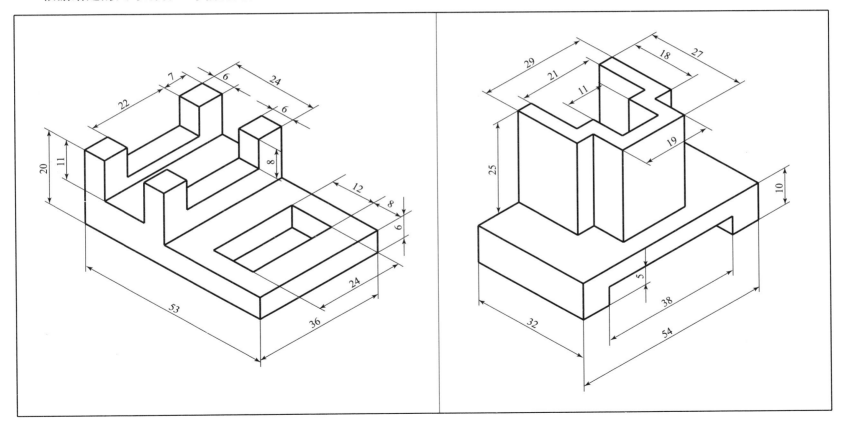

根据给定的尺寸绘制正等轴测图。

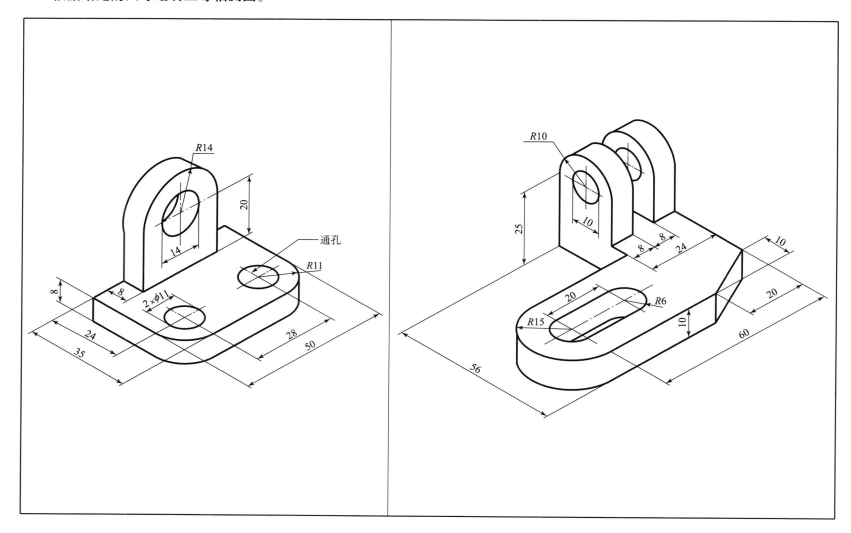

根据给定的尺寸绘制正等轴测图。

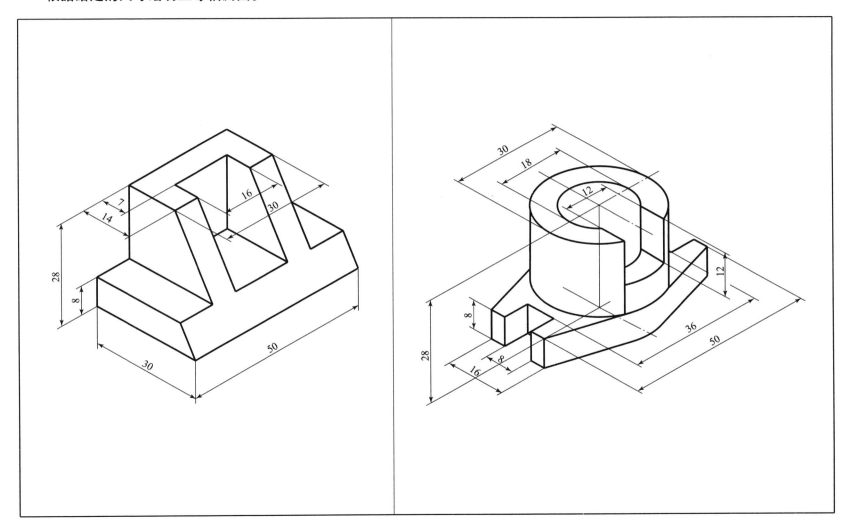

项目八　绘制三维图

根据给定的尺寸绘制三维组合体。

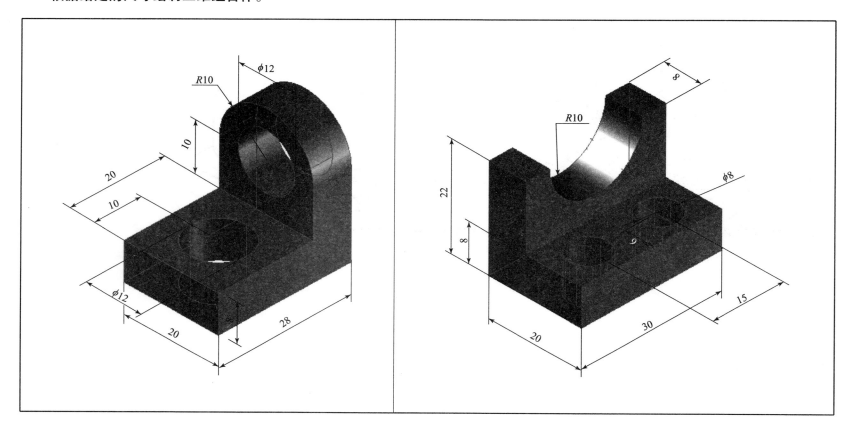

根据平面图绘制三维图。

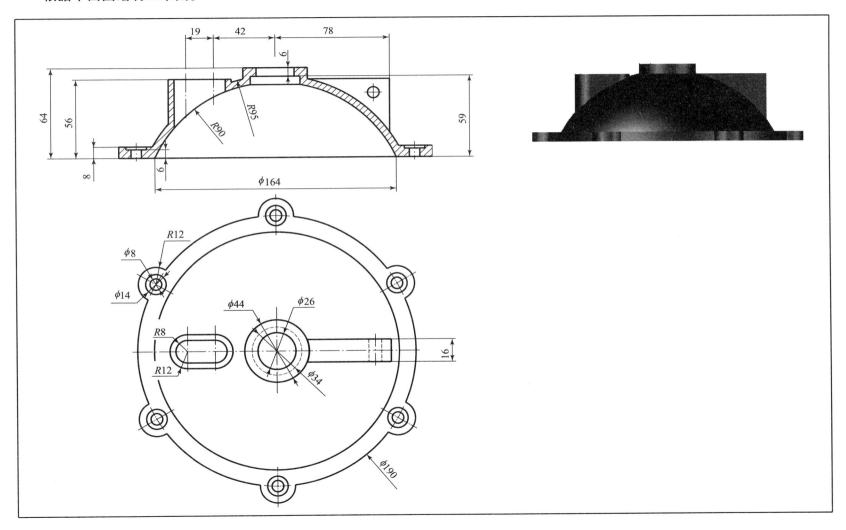

根据平面图绘制三维图。

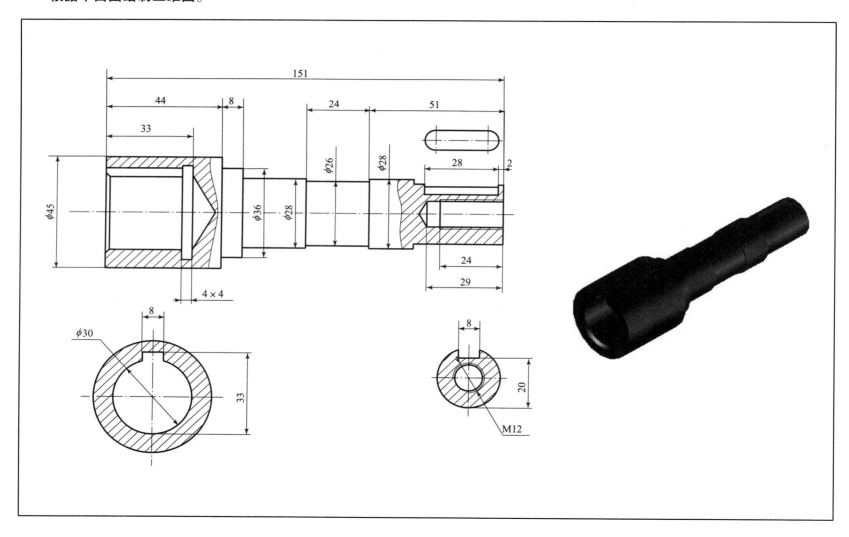

根据平面图绘制三维图。

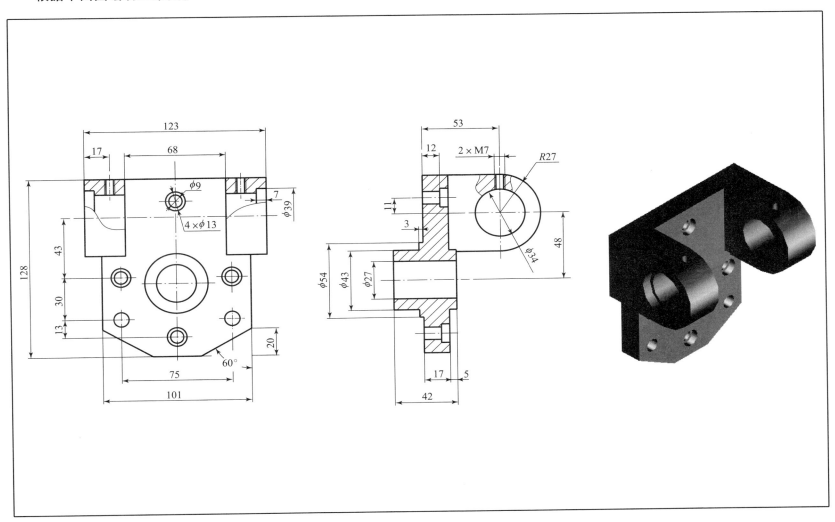

根据平面图绘制三维图。

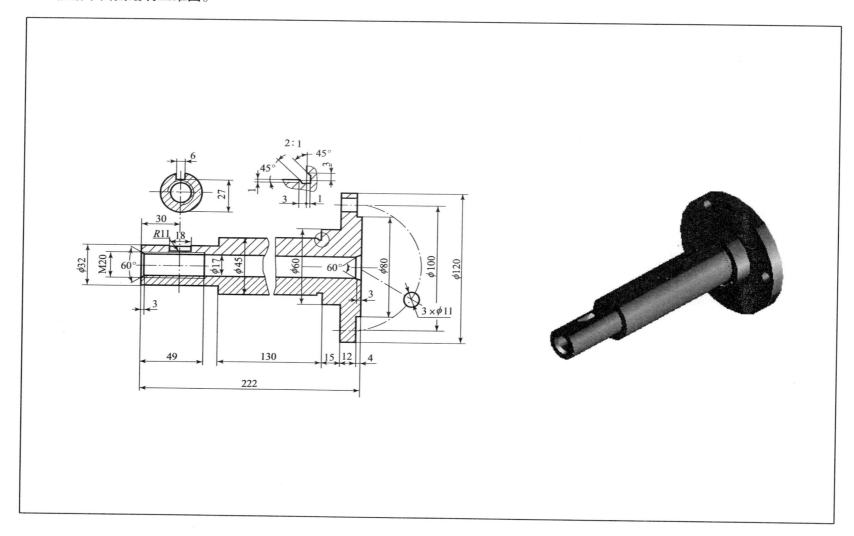

根据平面图绘制三维图。

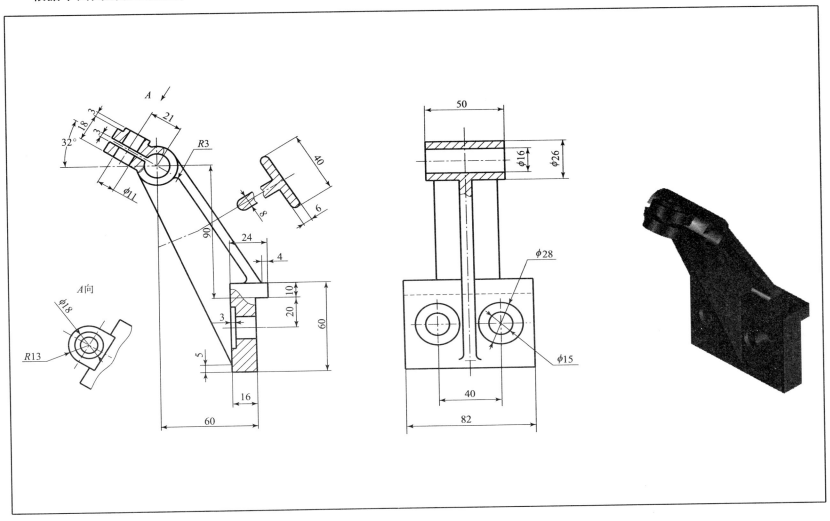